Petr Prochazka

Zastosowanie DBM: uszkodzenie konstrukcji w wyniku eksplozji

Petr Prochazka

Zastosowanie DBM: uszkodzenie konstrukcji w wyniku eksplozji

Nieciągłe elementy graniczne stosowane w wyniku wybuchu

Wydawnictwo Bezkresy Wiedzy

Imprint

Cover image: www.ingimage.com

Publisher:
Wydawnictwo Bezkresy Wiedzy
is a trademark of
International Book Market Service Ltd., member of OmniScriptum Publishing Group
17 Meldrum Street, Beau Bassin 71504, Mauritius

Printed at: see last page
ISBN: 978-620-0-54665-4

Petr P. Procházka

Zastosowanie DBM: uszkodzenie konstrukcji w wyniku eksplozji

PRZEDMOWA

Książka ta dotyczy wpływu wybuchów w przestrzeniach zamkniętych lub częściowo zamkniętych na pogorszenie właściwości materiałowych konstrukcji nośnych, w szczególności na lokalne uszkodzenia ich elementów nośnych. Głównym celem jest badanie nieciągłych elementów brzegowych, metoda numeryczna, która okazuje się być bardzo przydatna do rozwiązywania uszkodzeń konstrukcji przez obciążenia dynamiczne. Elementy nieciągłe są realizowane przez cząstki, głównie sześciokątne, w których stany naprężeń i odkształceń są opisane metodą elementów granicznych. Szczególną wagę przykłada się do warunków kontaktu pomiędzy sąsiadującymi elementami zbliżeniowymi fazy stałej. Ruch powietrzny opisywany jest nieliniowymi równaniami Landau-Lifschitz'a (łącznie z równaniami Navier-Stokes'a, Euler'a i innymi równaniami konserwatorskimi), natomiast stany naprężeń i odkształceń w strukturze opisywane są przez równowagę dynamiczną w środowisku nieciągłym. Równania dynamiki gazu są rozwiązywane za pomocą skończonych objętości, natomiast konstrukcja nośna w przestrzeniach zamkniętych lub półzamkniętych jest opisana za pomocą nieciągłych elementów granicznych (metoda swobodnego sześciokąta). Problemy są rozwiązywane w przestrzeni dwuwymiarowej. Sześciokątna powierzchnia elementów powietrza i sześciokątny kształt elementów fazy stałej wydają się być odpowiednim przybliżeniem procesów zachodzących w obu mediach. Takie podejście umożliwia monitorowanie rozwoju fal podmuchowych i ich interakcji oraz badanie rozwoju uszkodzeń strukturalnych. W ten sposób rozwiązany problem dzieli się na opis ruchów, zmian ciśnienia, energii i gęstości masy w powietrzu oraz przemieszczeń i naprężeń w oddziaływującej fazie stałej; wzajemne efekty wywołane przez falę powietrzną i efekty fazy stałej koncentrują się wzdłuż granicy między tymi dwoma środowiskami. Ponieważ metoda swobodnego sześciokąta okazała się odpowiednia do rozwiązywania problemów związanych z uszkodzeniami, obiecujące wydaje się połączenie ich z efektem opisu fal podmuchowych w powietrzu na siatce sześciokątnej ze względu na kompatybilność pomiędzy przybliżeniami obu mediów. Metoda elementów granicznych opisuje sprężystość lub nieliniowe zachowanie (plastyczność, lepkość) w każdym sześciokątnym elemencie półprzewodnikowym, podczas gdy zachowanie mechaniczne na styku sąsiadujących ze sobą elementów półprzewodnikowych jest regulowane przez prawa styku obowiązujące pomiędzy tymi elementami. Omawiane są różne rodzaje zasad kontaktowych opartych na prawach kontaktowych Fischera-Somigliani, a całkowita energia jest formułowana poprzez zmianę dopuszczalnych przestrzeni. Począwszy od stanu granicznego wytrzymałości na ścinanie, aż po hipotezy Mohra-Coulomba i Hoek-Browna, badany jest ten szeroki zakres zasad; ta ostatnia hipoteza jest zalecana jako obecnie najdokładniejszy opis uszkodzeń spowodowanych przez zdarzenia dynamiczne niż poprzednio stosowane hipotezy. Kilka przykładów ilustruje możliwość wykorzystania tej teorii.

Ponieważ metoda nieciągłych elementów granicznych rozpoczęła swoje istnienie od metody swobodnego sześciokąta, książka poświęcona jest przede wszystkim tej ostatniej koncepcji. W załączniku omówiono pokrótce inne elementy graniczne.

Książka ta została przygotowana pod patronatem Agencji Grantowej Republiki Czeskiej, Projekt nr 17-04204S. Wsparcie finansowe tej dotacji jest bardzo cenione.

SPIS TREŚCI

1 WPROWADZENIE

Dzisiejszy cywilizowany świat ma bardzo zurbanizowaną strukturę - duża część ludności mieszka w miastach, a podziemne, na ogół zamknięte lub półzamknięte przestrzenie, należą do najważniejszych obszarów nowoczesnych miast. Wykorzystanie przestrzeni podziemnych gwałtownie rośnie. Ich konstrukcje są jednak bardzo podatne na nagłe zmiany obciążenia, związane z atakami terrorystycznymi, VBIED, nieprzewidywalnymi wybuchami (wypadki drogowe, pożar, szybki rozwój gospodarczy) itp., które mogą spowodować ogromne zniszczenia konstrukcji i mieć fatalne skutki dla życia ludzkiego. Dlatego bardzo ważne jest uwzględnienie i przewidywanie dynamicznych skutków wybuchów w przestrzeniach zamkniętych. Lokalizacja centrum wybuchowego jest bardzo ważna. Okazuje się, że jeśli jego położenie jest na powierzchni budynku lub nad terenem, nie oczekuje się żadnej fali nadmiarowej i interakcji głównej fali podmuchowej z falami wtórnymi. Inna sytuacja występuje przy opisywaniu ewolucji czasu w przestrzeniach zamkniętych, gdzie interakcje falowe odgrywają ważną rolę.

Książka ta koncentruje się na sytuacjach powstałych w nadzwyczajnych warunkach spowodowanych w środowisku, w którym następuje eksplozja. Z powodu eksplozji jest wiele efektów. Możliwe jest rozważenie zmian w materiałach, na które fale podmuchowe, spowodowane eksplozją, działają, oraz zmian we właściwościach środowiska, w którym następuje eksplozja, ważny jest również wpływ na skutki ekonomiczne, jak również zagrożenie życia ludzi wokół eksplozji, itp. Pozycja źródeł wybuchu jest ważna. W przypadku zarejestrowania wybuchu na wolnym powietrzu, sytuacja jest inna niż w przestrzeni zamkniętej lub półzamkniętej.

Wybuch jest zjawiskiem fizykochemicznym, które powoduje nagłe i bardzo szybkie uwolnienie energii, któremu towarzyszy miejscowy wzrost temperatury i ciśnienia oraz degradacja właściwości środowiska, w którym następuje wybuch. W zależności od przyczyny uwolnienia takiej energii, wybuchy mogą nastąpić z następujących powodów:

Wybuch zamknięty to taki, który ma miejsce w zbiorniku lub budynku, gdy ciśnienie gazu lub cieczy zostanie przekroczone w zamkniętym zbiorniku. Zazwyczaj powoduje obrażenia u mieszkańców budynku i rozległe szkody. BLEVE (Boiling Liquid Expanding Vapor Explosion) występuje, gdy ciecz w zbiorniku ma temperaturę wyższą niż jej atmosferyczna temperatura wrzenia.

Wybuch chemiczny jest spowodowany szybkim rozkładem niektórych związków chemicznych wraz z wydzielaniem dużych ilości gazu i ciepła. W większości przypadków zjawisko to związane jest z utlenianiem się materiałów wybuchowych, ale może być również spontanicznym rozpadem cząsteczek, które wytwarzają nowy związek, podczas gdy energia wewnętrzna jest uwalniana. Przykładem wybuchu chemicznego jest użycie konwencjonalnych chemicznych materiałów wybuchowych do wyburzeń konstrukcji lub do celów wojskowych. Rozróżnia się detonację, która wywołuje falę podmuchu większą niż prędkość dźwięku, oraz deflagrację z falą podmuchu mniejszą niż prędkość dźwięku. W przestrzeniach zamkniętych lub półzamkniętych, pierwotne i wtórne fale podmuchu oddziałują na siebie i, na przykład, betonowe panele odpryskują na powierzchni wystawionej na działanie ognia/wybuchu.

Wybuchy pyłu są wynikiem szybkiego spalania drobnych cząstek stałych. Wiele materiałów stałych staje się bardzo łatwopalnych, gdy zostaną zredukowane do drobnego proszku.

Gazy spalinowe (wodór, metan) wraz ze związkami tlenowymi lub czystym tlenem mogą również wybuchnąć w kontakcie z materiałami organicznymi. Przykładem tych ostatnich są wyboje w głębokich kopalniach.

Pomiędzy miejscami o dużej różnicy potencjałów elektrycznych pojawia się eksplozja elektryczna. Jako przykład można wykorzystać wyładowanie wysokonapięciowe, o którym można mówić w przypadku konwencjonalnego wyładowania burzowego.

Wybuch jądrowy następuje w wyniku reakcji jądrowej lub termonuklearnej. Reakcja jądrowa spowodowana zarodkowaniem atomowym powoduje wybuch klasycznej bomby atomowej. Z kolei reakcja termojądrowa wynika z połączenia jąder pierwiastków lekkich, które tworzą cięższe jądra i są przyczyną powstawania światła słonecznego. Jego wybuchowe uwolnienie następuje w momencie wybuchu bomby wodorowej.

Erupcja wulkaniczna jest spowodowana nagłym uwolnieniem ciśnienia magmowego w skorupie ziemskiej i najczęściej objawia się jako erupcja wulkaniczna. Procesy mechaniczne, przeważająco wzajemne ześlizgiwanie się dwóch płyt w skorupie ziemskiej, skutkują trzęsieniami ziemi powodującymi powierzchniowe (poziome) *fale p-falowe.*

Wspomniane wyżej zasoby uwalniania energii tworzące formacje fal podmuchowych prowadzą do niszczycielskich skutków dla struktur, ekonomii, a w wielu przypadkach do zagrożenia lub utraty życia ludzkiego. Z drugiej strony, fale podmuchowe mają również pozytywne skutki, szczególnie w biomedycynie. Terapia wykorzystuje generatory fal podmuchowych, które działają na różnych zasadach fizycznych, takich jak pneumatyczne, elektromagnetyczne, elektrohydrauliczne lub piezoelektryczne pochodzenie. Generatory te kierują fale podmuchowe i regulują ich przenikanie w głąb ludzkiego ciała bezpośrednio na miejsce powodując problemy zdrowotne; na przykład w leczeniu kamieni żółciowych i nerek, gdy fala podmuchowa kruszy je i w postaci piasku eliminuje je z organizmu w naturalny sposób. W leczeniu choroby Peyroniego płytka nazębna w organizmie zmienia swoją sztywność i powoduje, że zmiękcza się i ponownie odczuwa się ból pacjenta.

W przypadku wybuchu w otwartej przestrzeni, np. nad płaską powierzchnią ciała, kulisty ładunek tworzy falę uderzeniową, która najpierw uderza prostopadle do epicentrum do powierzchni ciała, powodując maksymalne nadciśnienie, a następnie rozprzestrzenia się we wszystkich kierunkach w powietrzu i wzdłuż ciała konstrukcji. W punktach poza epicentrum ciśnienie wywołane przez falę gwałtownie spada, a powierzchnia fali rośnie wraz z odległością od punktu, w którym nastąpił wybuch. Jeżeli powierzchnia konstrukcji, w którą uderza fala uderzeniowa, jest nieregularna, mogą wystąpić odbicia i interakcje z kolejnymi oddziaływaniami generowanymi przez falę, jak w przypadku wybuchu w przestrzeni półzamkniętej.

W wyniku detonacji uwalniana jest całkowita energia ładunku oryginalnego, fala detonacyjna ładunku oraz produkty przemiany gazowych związków chemicznych. Produkty detonacji w fali uderzeniowej są rozłożone na całej powierzchni z przodu fali. Fala podmuchowa z produktami gazowymi rozprzestrzenia się na okolicę na sferycznych, wciąż rosnących powierzchniach. Fale uderzenia czołowego są oddzielone od gazów spalinowych w odległości około 8 do 15 średnic pierwotnego ładunku i są kontynuowane wyłącznie jako fale powietrzne.

Jest oczywiste, że jeśli powierzchnia nie jest zbyt nieregularna (np. falista), opis zachowania się fal podmuchowych w otwartej przestrzeni jest stosunkowo łatwy. Komplikacje pojawiają się, gdy rozważa się przestrzenie zamknięte lub półzamknięte. Eksplozja wewnątrz obiektów powoduje, że ogólny proces obciążenia ciśnieniowego ścian wewnętrznych jest bardziej złożony niż uderzenie falami podmuchowymi w otwartej przestrzeni. Obciążenie powstałe na konstrukcji poprzez detonację ładunku wewnątrz obiektu może zostać rozłożone na dwie główne fazy. W pierwszej fazie, w wewnętrznej przestrzeni powietrznej rozprzestrzenia się detonacja powietrznych fal podmuchowych. Po uderzeniu w ściany wewnętrzne następuje ich odbicie i te dwie części będą oddziaływać na siebie. Fala pierwotna i seria fal wtórnych składają się z bardzo złożonego przebiegu ogólnej krzywej obciążenia w czasie. Zdolność przewidywania składu pierwszej odbitej fali podmuchowej w interakcji z falami wtórnymi jest trudna do przewidzenia ad hoc, ponieważ przebieg czasowy obciążenia jest inny w każdym punkcie przestrzeni wewnętrznej. Współdziałanie pierwotnych i odbitych fal powietrznych we wnętrzu będzie stopniowo zanikać. Wybuchowe produkty detonacji prowadzą jednak do nadciśnienia w komorze. Również kolejne reakcje pomiędzy parą detonacyjną i wewnętrzną atmosferą obiektu przyczyniają się do nadciśnienia w komorze.

Dlatego konieczne jest znalezienie odpowiedniego sformułowania matematycznego i liczbowego rozwiązania problemów z propagacją fali podmuchowej w przestrzeniach zamkniętych lub półzamkniętych. W tej publikacji skupimy się na interakcji pomiędzy falami podmuchowymi, które rozprzestrzeniają się w powietrzu w przestrzeniach zamkniętych lub półzamkniętych, a strukturą wykonaną albo z konwencjonalnych materiałów sztucznych (głównie z betonu) albo z materiałów naturalnych, takich jak skała, gleba, skóra ciała i tym podobne. Ponieważ obciążenie wywołane wybuchem jest zarówno bardzo duże, jak i bardzo gwałtowne, zmiany materiałowe w konstrukcji powinny być monitorowane przede wszystkim pod kątem naprężeń strukturalnych i lokalnych uszkodzeń spowodowanych przez skoncentrowane obciążenie. Ponieważ nie jest z góry ustalone, gdzie wystąpią lokalne uszkodzenia, wskazane staje się sformułowanie problemu w postaci dużych odkształceń i użycie dyskretnych elementów, które mogą być następnie wykorzystane w zastosowaniach numerycznych.

W tej pracy rozwiązanie dotyczące rozprzestrzeniania się i oddziaływania fal podmuchowych w przestrzeni powietrznej wykorzystuje metodę objętości skończonej. Warto zauważyć, że w zastosowaniach praktycznych projekt opiera się na uproszczonych warunkach brzegowych, które odpowiadają nieskończenie sztywnemu korpusowi konstrukcji, na który uderzają fale podmuchowe. W tej książce zawsze zakłada się, że warunki brzegowe odpowiadają interakcji wpływów obu mediów, tzn. monitorowany jest ruch wzajemnie oddziałujących faz stałych i gazowych (powietrza).

Równania rządzące w obu mediach opierają się na zachowaniu gęstości masy, pędu i energii. Chociaż gęstość masy ciał stałych jest znacznie wyższa niż masa powietrza, a czujniki naprężenia i odkształcenia są również różne w obu środowiskach, należy zacząć od równań obowiązujących dla materiału ogólnego, aby uzyskać właściwe sformułowane zachowanie wzdłuż międzyfazowej granicy między powietrzem a konstrukcją. Następnie równania hamują w dół do poszczególnych obszarów definicji. Następnie równania te rozpadają się na sformułowania na poszczególnych domenach. Po osiągnięciu odpowiedniej definicji warunków międzyfazowych, równania są uproszczone w podregionach, ale pozostają silnie nieliniowe. W ten sposób warunki międzyfazowe są matematycznie poprawne dla sformułowanych przez nas problemów. Należy jednak podkreślić, że fizyczna interpretacja warunków międzyfazowych może być różna, ponieważ zachowanie środowiska wielofazowego wynikające z wybuchu na styku z konstrukcją jest na ogół bardzo trudne do opisania. Sformułowanie odpowiednich równań musi być zatem dostosowane do wymagań dotyczących zachowania fizycznego w kontakcie między tymi dwoma fazami i często nie jest to łatwe.

Rozprzestrzenianie się fal podmuchowych w gazie (powietrzu) wypełniających podziemne przestrzenie opisane jest nieliniowymi równaniami zachowania gęstości, pędu i energii. Wpływ ciśnienia gazu jest zwykle podawany dla stanu adiabatycznego dla tego typu problemu. Efekty wybuchów, tj. początkowe powietrzne fale podmuchowe, a następnie oddziaływania z falami wtórnymi, obliczane są dla zmian w czasie gęstości masy, prędkości ruchu oraz zmian energii wewnętrznej i kinetycznej. Stany naprężeń i odkształceń w strukturze są również generalnie opisywane przez relacje nieliniowe. Ze względu na stosunkowo szybki rozwój ekstremalnego obciążenia elementów konstrukcyjnych (płyt, słupów, pocisków, okładzin) po inicjacji detonacji, właściwości nieliniowe obejmują głównie uszkodzenia i inne nieliniowe zmiany materiałowe można uznać za nieistotne.

Zagadnieniem wpływu wybuchów na konstrukcje w przestrzeniach zamkniętych zajmuje się szereg publikacji, np. Istnieje szereg publikacji, które prowadzą, jeśli nie bezpośrednio do standardów, to przynajmniej do użytecznych zaleceń wynikających z ustaleń wiedzy praktycznej [5-8], które częściowo są wykorzystywane w tym badaniu.

Obecnie najczęściej stosowanym materiałem do budowy konstrukcji podziemnych jest beton, klasyczny, zbrojony prętami stalowymi lub betonem zbrojonym włóknami. Ten ostatni charakteryzuje się osnową cementową oraz nierównomiernie rozłożonymi i losowo zorientowanymi włóknami z różnych materiałów (syntetyczny polipropylen, stal, szkło, itp.); włókna mogą mieć również różne kształty i rozmiary. Dzięki tym specyficznym właściwościom, taki kompozyt ma większą wytrzymałość na rozciąganie i ścinanie. Powyższe materiały włókniste mogą być łączone, [9-11]. Włókna stalowe służą głównie do mostkowania pęknięć w materiale, podczas gdy włókna syntetyczne zwiększają plastyczność i odkształcalność betonu. Ograniczają one lub nawet tłumią odpryskiwanie betonu. Odpowiednie zastosowanie metody swobodnego sześciokąta może również symulować właściwości różnych rodzajów żelbetu włóknistego.

W celu uzyskania właściwości materiałowych obiektów poddawanych nagłym zmianom obciążenia przeprowadza się badania, które dla bardziej złożonych problemów z propagacją fal podmuchowych w przestrzeniach zamkniętych i ich wpływem na konstrukcje często przeprowadzane są na modelach fizycznych i skalowych, [12-15]. W porównaniu do modeli 1:1 lub in situ pozwalają na osiągnięcie bardzo rozsądnych wyników przy jednoczesnej oszczędności czasu, materiału i energii.

Do obliczenia wpływu wybuchu na konstrukcje stosuje się kilka metod, [16-17]. W przypadku geometrii regularnej można przystąpić do generalizacji rozwiązań dla stanów statycznych [18-21]. Sformułowanie opiera się na równaniach hydrodynamicznych zaczerpniętych z klasycznej książki Landau-Lifschitza [22], w której przedstawiono kompleksowe badania hydrodynamiczne. Książka ta służy jako punkt wyjścia do sformułowania silnie nieliniowych równań rządzących dynamiką gazu. Zmodernizowana książka na ten temat to [23]. W oparciu o różnice skończone, w [24-26] zaproponowano uproszczoną procedurę rozwiązywania dynamicznych równań gazowych. W [27-28] zastosowano nieciągłe elementy skończone, stosując koncepcję wariancji Ritz-Galerkin-Petrov. Ta ostatnia metoda wydaje się być bardzo obiecująca przy rozwiązywaniu równań ochronnych.

Istnieją różne metody opisywania rozwoju uszkodzeń strukturalnych. Można wspomnieć o modelu strefy koherentnej, który jest oparty na teorii Barenblatta, [29]. Bardzo wydajny model wykorzystujący algorytm Uzawa, [30], jest odpowiedni dla przypadków, w których lokalizacja uszkodzenia jest *a priori* znana. W przypadku, gdy miejsce uszkodzenia nie jest znane, wskazane jest zastosowanie elementów dyskretnych. Podstawową ideę przedstawiono w 1971 roku [31], gdzie konstrukcję ciągłą zastąpiono kołami lub prostokątami w 2D lub kulami lub cegłami w 3D. Pomysł ten jest następnie rozwinięty w [32], [33]. Wzorzec kulisty cierpi na brak określenia naprężeń w poszczególnych elementach, ponieważ sąsiadujące ze sobą elementy stykają się w punktach, więc naprężenia w nich nie są zdefiniowane. W przypadku przybliżenia cegły zastosowania są mocno ograniczone.

W 1999 roku autorzy [34] wpadli na pomysł zastąpienia kół sześciokątami. W ten sposób można wykryć deformację i naprężenia wewnątrz elementów. Cząstki sześciokątne zostały utworzone przez ostatnie subelementy, a następnie wyeliminowano zbędny węzeł wewnątrz cząstek. Niewielki problem pojawił się przy formułowaniu interakcji pomiędzy sąsiadującymi elementami, ponieważ trakcja i przemieszczenia mają różne stopnie przybliżenia.

Zostało to przezwyciężone poprzez rozwiązanie problemu rozkładu przemieszczeń i trakcji wewnątrz każdej z cząstek, zastępując metodę elementów skończonych metodą elementów skończonych przez metodę elementów granicznych, w której wprowadza się najniższe przybliżenie przemieszczeń i naprężeń: stały rozkład tych zmiennych wzdłuż granicy pomiędzy sąsiadującymi elementami, patrz [35-36]. Podobna metoda została zaproponowana w [37], gdzie zastosowano jądra zależne od czasu.

W niektórych poprzednich pracach autora tej książki miękki kontakt pomiędzy sąsiadującymi cząstkami został opisany przez hipotezę Mohr-Coulomba. Biuro ds. Kopalń opublikowało kilka badań [6-7], w których w przypadku problemów dynamicznych zaleca się stosowanie kryteriów Johnsona i Hoek-Browna [38-39] zamiast tych ostatnich. Metoda ta oferuje lepsze przybliżenie koperty Mohra, która wyraża krytyczne naprężenia. Kryterium Hoek-Brown z powodzeniem opisuje również uszkodzenia w [40-43].

Wybór warunków początkowych i granicznych odgrywa ważną rolę w rozwiązywaniu unikalnie sformułowanych problemów. Celem jest uzyskanie warunków, które są jak najbardziej zbliżone do rzeczywistości. Takie warunki są jednak bardzo słabo określone i mogą być bardzo złożone. Są one zazwyczaj oparte na dużej liczbie testów. Ponieważ główny problem w tej książce koncentruje się na rozwiązaniu problemu uszkodzeń w stałej strukturze spowodowanych eksplozją w zamkniętej przestrzeni, warunki międzyfazowe, które powodują większość problemów, są stosunkowo dobrze zdefiniowane. W literaturze omówienie różnych warunków międzyfazowych pomiędzy powietrzem (płynem) a strukturą znajduje się w [44-51].

2 PODSTAWOWE FORMUŁY OPARTE NA TEORII LANDAU I LIFTSHITZ

Ogólny problem definicji obciążenia konstrukcji przez fale wybuchowe i powietrzne jest skomplikowanym tematem mechaniki. Obejmuje on połączone rozwiązania gazowo-dynamiczne, dynamikę gruntu i konstrukcji budowlanych obejmujące procesy rozpraszania energii podmuchów powietrza. Oznacza to, że niektóre części tej energii są przenoszone na struktury i masywną glebę. W przypadku wybuchów kontaktowych na powierzchniach gleby ta część może stanowić do 30% energii wybuchu (na glebach miękkich).

Definicja obciążenia zostanie podzielona na dwa etapy, które są oparte na dynamicznych obliczeniach gazowych. W pierwszym etapie proces uderzenia wybuchu polega na fali podmuchu powietrza do momentu kontaktu z konstrukcją. Obliczanie parametrów fali podmuchowej na etapie początkowym opiera się na numerycznym obliczaniu jednowymiarowych równań dynamiki gazu. Rozkład gęstości masy $\rho(r)$, prędkości $v(r)$ $\varepsilon(r)$ i energii wewnętrznej, r to promień lub odległość od źródła, który jest wyśrodkowany w punkcie zapłonu wybuchu.

W drugim etapie procesów interakcji fal podmuchu powietrza badane jest oddziaływanie z konstrukcją. Parametry fali podmuchowej pojawiające się w obu wyżej wymienionych krokach obliczane są z równań trójwymiarowej dynamiki gazu.

2.1 *Równania ochrony*

Podstawowe relacje są częściowo zaczerpnięte z książek [22] i [23].

Matematyczne modelowanie ruchów powietrza opiera się na rozwiązaniu równań dynamiki gazu dla przepływu ściśliwego. Termin "przepływ ściśliwy" odnosi się do płynów, w których występuje znaczne zróżnicowanie gęstości masy. Ścisłość jest również silnie związana z prędkością przepływu. Bardzo ważne wydaje się włączenie praw termodynamicznych w formułowanie problemu ruchu przepływu. W przypadku przepływu przy niskich prędkościach obrotowych często zaniedbuje się energię kinetyczną, ponieważ jest ona znacznie mniejsza niż pozostałe zmienne. Sytuacja jest wówczas uproszczona ze względu na nieliniowy termin - drugą siłę prędkości. Temperatura, jeśli wziąć pod uwagę, pozostaje mniej więcej stała.

Z drugiej strony, przepływ z dużą prędkością może powodować, że wielkość energii kinetycznej jest duża i nieciągłość prędkości, gęstości masy i entalpii powinna być zaangażowana w formułowanie problemu.

Modelowanie matematyczne przepływu powietrza opiera się na rozwiązaniu równań dynamiki gazu, które w odniesieniu do powyższych rozważań są dla trójwymiarowego problemu w kartezjańskim układzie współrzędnych wymienionych jako:

$$\frac{\partial \rho}{\partial t} + \operatorname{div}(\rho \boldsymbol{v}) = 0 \qquad (2.1)$$

$$\frac{\partial (\rho \boldsymbol{v})}{\partial t} + \operatorname{div}(\rho \boldsymbol{v} \otimes \boldsymbol{v}) + \nabla p - f = 0 \qquad (2.2)$$

$$\frac{\partial e}{\partial t} + \operatorname{div}((e + p)\boldsymbol{v}) = 0 \qquad (2.3)$$

gdzie równanie (2.1) opisuje zachowanie gęstości masy, równania (2.2) są zachowaniami pędu x, y, z odpowiednio w kierunkach, oraz (2.3) wyraża zachowanie energii, div oznacza rozbieżność iloczynu skalarnego i wektorowego, lub dwóch skalarów, i jest operatorem nabla, $\nabla \otimes$ jest iloczynem dieadowym. Ostatni układ równań to równania Eulera na idealne płyny, które nie wiążą się z przewodzeniem ciepła. Jest to praktyczne miejsce, w którym można zdekodować równania (2.1-2.3), aby je uzyskać,

$$\frac{\partial \rho}{\partial t} + \frac{\partial (\rho v_x)}{\partial x} + \frac{\partial (\rho v_y)}{\partial y} + \frac{\partial (\rho v_z)}{\partial z} = 0 \qquad (2.4)$$

$$\frac{\partial (\rho v_x)}{\partial t} + \frac{\partial (p + \rho v_x^2)}{\partial x} + \frac{\partial (\rho v_x v_y)}{\partial y} + \frac{\partial (\rho v_x v_z)}{\partial z} = 0 \qquad (2.5)$$

$$\frac{\partial (\rho v_y)}{\partial t} + \frac{\partial (\rho v_x v_y)}{\partial x} + \frac{\partial (p + \rho v_y^2)}{\partial y} + \frac{\partial (\rho v_y v_z)}{\partial z} = 0 \qquad (2.6)$$

$$\frac{\partial (\rho v_z)}{\partial t} + \frac{\partial (\rho v_x v_z)}{\partial x} + \frac{\partial (\rho v_y v_z)}{\partial y} + \frac{\partial (p + \rho v_z^2)}{\partial z} = 0 \qquad (2.7)$$

$$\frac{\partial e}{\partial t} + \frac{\partial [(e + p) v_x]}{\partial x} + \frac{\partial [(e + p) v_y]}{\partial y} + \frac{\partial [(e + p) v_z]}{\partial z} = 0 \qquad (2.8)$$

Zmienne w ostatnich równaniach są następujące

x, y, z Współrzędne kartezjańskie [m]

v_x, v_y, v_z składowe wektorów prędkości $\boldsymbol{V} = \boldsymbol{V}(x, y, z, t)$, [m/ms]

$|\boldsymbol{V}|^2 = v_x^2 + v_y^2 + v_z^2$ norma wektora prędkości

$\rho = \rho(x,y,z,t)$ gęstość masy gazu [kg/m3]

$p = p(x,y,z,t)$ ciśnienie gazu [MPa]

$e = \rho[\varepsilon - (v_x^2 + v_y^2 + v_z^2)/2] =$

$= \rho(\varepsilon + \frac{|\boldsymbol{V}|^2}{2})$, energia całkowita jednostki masy gazu, [MPa]

$\varepsilon = \varepsilon(x,y,z,t) =$ potencjalna energia [$\mathrm{m}^2/\mathrm{ms}^2$]

$\varepsilon(p,\rho) = \frac{p - c_0^2(\rho - \rho_0)}{(\gamma - 1)\rho}$ p otencjalna energia [$\mathrm{m}^2/\mathrm{ms}^2$]

$K =$ energia kinetyczna [$\frac{1}{2}(v_x^2 + v_y^2 + v_z^2)\ \mathrm{m}^2/\mathrm{ms}^2$]

Łatwo zauważyć, że równania (2.1-2.3) lub (2.4-2.8) tworzą system dla sześciu zmiennych, ale ich liczba wynosi tylko pięć. Są one, w przypadku uwzględnienia wybuchu, uzupełniane relacją pomiędzy ciśnieniem, gęstością masy i energią potencjalną,

$p = (\gamma - 1)\rho\varepsilon$, (2.9)

gdzie γ jest wykładnikiem procesu adiabatycznego, czyli stosunkiem ciepła właściwego (c_V c izochorycznego - stała objętość) i (c_P izobarycznego - stałe ciśnienie), czyli $\gamma = \frac{c_V}{c_P} = \frac{\rho c^2}{p}$ prędkością dźwięku. Dla powietrza najczęściej wybierany jest $\gamma = 1{,}4$, a w przypadku wybuchu wykładnik procesu adiabatycznego staje się jedynie zależny od gęstości masy, czyli $\gamma = \gamma(\rho)$.

Za pomocą notacji matrycowej,

$$\mathbf{s} = \begin{pmatrix} \rho \\ \rho v_x \\ \rho v_y \\ \rho v_z \\ e \end{pmatrix}, \boldsymbol{a} = \begin{pmatrix} \rho v_x \\ p + \rho v_x^2 \\ \rho u_x v_y \\ \rho u_x v_z \\ (e+p)v_x \end{pmatrix}, \boldsymbol{b} = \begin{pmatrix} \rho v_y \\ \rho v_x v_y \\ p + \rho v_y^2 \\ \rho v_y v_z \\ (e+p)v_y \end{pmatrix}, \boldsymbol{c} = \begin{pmatrix} \rho v_z \\ \rho v_x v_z \\ \rho v_y v_z \\ p + \rho v_z^2 \\ (e+p)v_z \end{pmatrix}. \quad (\quad 2.10)$$

Powyższe równania są znane jako równania Eulera i mogą być zapisane w formie zamkniętej jako:

$$\frac{\partial \boldsymbol{s}}{\partial t} + \frac{\partial \boldsymbol{a}}{\partial x} + \frac{\partial \boldsymbol{b}}{\partial y} + \frac{\partial \boldsymbol{c}}{\partial z} = 0 \qquad (2.11)$$

Zauważ, że jeśli sformułowanie posiada pewien rodzaj symetrii, to równania trójwymiarowe mogą być zredukowane do mniej-wymiarowych równań formy:

$$\frac{\partial \rho}{\partial t} + \frac{\partial(\rho v)}{\partial r} + \frac{(\omega-1)\rho v}{r} = 0 \quad (2.12)$$

$$\frac{\partial(\rho v)}{\partial t} + \frac{\partial(p+\rho v^2)}{\partial r} + \frac{(\omega-1)\rho v^2}{r} = 0 \quad (2.13)$$

$$\frac{\partial e}{\partial t} + \frac{\partial[(e+p)v]}{\partial r} + \frac{(\omega-1)[(e+p)v]}{r} = 0 \quad (2.14)$$

ω = 1, za problemy z samolotem;
ω = 2, na problemy z polarami;
ω = 3, za problemy z symetrią sferyczną.

Powyższe równania nieliniowe mogą być obecnie rozwiązywane za pomocą szerokiej gamy metod, poczynając od sformułowań przybliżonych, a kończąc na odmiennym traktowaniu numerycznym. Klasyczne uproszczenie można uznać za metodę Godunowa [24], która wykorzystuje specjalną linearyzację powyższych równań.

Co więcej, równania dynamiki gazu mogą być przekształcone w tzw. formę dywergencji, jak podano poniżej:

$$\frac{\partial \rho}{\partial t} + \frac{\partial(\rho v_x)}{\partial x} + \frac{\partial(\rho v_y)}{\partial y} + \frac{\partial(\rho v_z)}{\partial z} = \frac{\mathrm{d}\rho}{\mathrm{d}t} + \rho \operatorname{div} \boldsymbol{V} = 0 \quad (2.15)$$

$$\frac{\partial(\rho v_x)}{\partial t} + \frac{\partial(p+\rho v_x^2)}{\partial x} + \frac{\partial(\rho v_x v_y)}{\partial y} + \frac{\partial(\rho v_x v_z)}{\partial z} = \frac{\mathrm{d}(\rho v_x)}{\mathrm{d}t} + \frac{\partial p}{\partial x} + \rho u_x \operatorname{div} \boldsymbol{V} = 0 \quad (2.16)$$

$$\frac{\partial(\rho v_y)}{\partial t} + \frac{\partial(\rho u_x v_y)}{\partial x} + \frac{\partial(p+\rho v_y^2)}{\partial y} + \frac{\partial(\rho v_y v_z)}{\partial z} = \frac{\mathrm{d}(\rho v_y)}{\mathrm{d}t} + \frac{\partial p}{\partial y} + \rho v_y \operatorname{div} \boldsymbol{V} = 0 \quad (2.17)$$

$$\frac{\partial(\rho v_z)}{\partial t} + \frac{\partial(\rho v_x v_z)}{\partial x} + \frac{\partial(\rho v_y v_z)}{\partial y} + \frac{\partial(p+\rho v_z^2)}{\partial z} = \frac{\mathrm{d}(\rho v_z)}{\mathrm{d}t} + \frac{\partial p}{\partial z} + \rho v_z \operatorname{div} \boldsymbol{V} = 0 \quad (2.18)$$

$$\frac{\partial e}{\partial t} + \frac{\partial[(e+p)v_x]}{\partial x} + \frac{\partial[(e+p)v_y]}{\partial y} + \frac{\partial[(e+p)v_z]}{\partial z} = \frac{\mathrm{d}(e+p)}{\mathrm{d}t} + (e+p)\operatorname{div} \boldsymbol{V} - \frac{\partial p}{\partial t} = 0 \quad (2.19)$$

W powyższych równaniach $\frac{\mathrm{d}}{\mathrm{d}t} = \frac{\partial}{\partial t} + v_x \frac{\partial}{\partial x} + v_y \frac{\partial}{\partial y} + v_z \frac{\partial}{\partial z}$ jest to istotna lub istotna pochodna Lgrangian.

Dla idealnego gazu w przybliżeniu trzyma:

$$\varepsilon = \frac{p}{\rho(\gamma - 1)} \Rightarrow e + p + K = \frac{\gamma}{\gamma - 1} p + K ,$$
(2.20)

pod warunkiem, że wykładnik procesu adiabatycznego $\gamma(\rho)$ jest zdefiniowany jako:

$$\begin{array}{ll} \gamma = 3 & \text{if } \rho > 440\,\text{kg/m}^3 \\ \gamma = 1.3 & \text{if } \rho < 50\,\text{kg/m}^3 \\ \gamma = \gamma_0(\rho) & \text{if } 50 \le \rho \le 440\,[\text{kg/m}^3] \end{array}$$

gdzie γ_0 jest liniowa przybliżona dla danego interwału, i K jest to energia kinetyczna.

2.2 *Równania siły pędu*

Uogólnienie równań momentu pędu jest zbiorem równań Cauchy'ego obejmujących $\boldsymbol{g}$ siły naprężenia tensora $\boldsymbol{\sigma}$ i ciężaru objętościowego i może być rejestrowane za pomocą znacznej pochodnej jako,

$$\rho \frac{\mathrm{d}\boldsymbol{v}}{\mathrm{d}t} = \operatorname{div} \boldsymbol{\sigma} + \boldsymbol{g} \qquad (2.21)$$

Wyrażają one równowagę stresu. Wpływ naprężeń w przepływie ciągłym jest reprezentowany przez gradient ciśnienia ∇p i określenia div σ ; są one analogiczne do naprężeń w bryle. Naprężenia mogą być rozkładane z części izotropowych i odchylających się jak,

$$\boldsymbol{\sigma} = p\boldsymbol{I} + \boldsymbol{\tau}, \; p = \frac{1}{3}\sigma_{ii}, \qquad \boldsymbol{\tau} = \boldsymbol{\sigma} - p\boldsymbol{I} \qquad (2.22)$$

gdzie $\boldsymbol{I}$ jest matryca tożsamości. Przypomnijmy, że wszystkie nierelatywistyczne równania zachowania pędu, takie jak równania Naviera-Stokesa, można wyprowadzić zaczynając od równania pędu Cauchy'ego i określając tensor naprężenia poprzez odpowiednią relację konstytutywną. Wyrażając tensor ścinający w kategoriach lepkości i prędkości płynu oraz zakładając stałą gęstość masy i lepkość, równanie pędu Cauchy'ego doprowadzi do równań Naviera-Stokesa. Zakładając niewidzialny przepływ (trend lepkości do zera i liczba Reynolda do bliskości), równania Naviera-Stokesa mogą jeszcze bardziej uprościć równania Eulera.

2.3 *Równania bezwymiarowe Cauchy*

W badaniach eksperymentalnych prowadzonych na potrzeby przyszłego projektowania konstrukcji narażonych na eksplozje wymagane jest modelowanie skali wybuchów z zachowaniem podobieństwa. Powodem jest fakt, że po pierwsze, każdy test eksperymentalny jest kosztowny, a po drugie, jeśli testy mają mieć charakter demonstracyjny, muszą być powtarzane w tych samych warunkach wiele razy. Z tego wynika, że eksperymenty te są bardzo kosztowne. Podobieństwo to jest osiągane za pomocą bezwymiarowych sformułowań równań. Co więcej, sformułowania bezwymiarowe upraszczają rozmiar równań. Warto więc rozważyć równania bezwymiarowe wprowadzające charakterystyczną długość, r_0 prędkość v_0, gęstość masy ρ_0, izotropową część p_0 tensora $\boldsymbol{\sigma}$ g_0, masę objętościową i naprężenia odchylające, które muszą być odpowiednio τ_0 dobrane. Powinny one być tak dobrane, aby bezwymiarowe zmienne, oznaczane za pomocą słupków, były wszystkie uporządkowane. W ten sposób otrzymuje się następujące bezwymiarowe zmienne

$$\begin{aligned} &\bar{\rho} = \frac{\rho}{\rho_0} \quad \bar{\boldsymbol{v}} = \frac{\boldsymbol{v}}{v_0} \quad \bar{r} = \frac{r}{r_0} \quad \bar{t} = \frac{v_0}{r_0} t \\ &\overline{\operatorname{div}} = r_0 \operatorname{div} \quad \bar{\boldsymbol{g}} = \frac{\boldsymbol{g}}{g_0} \quad \bar{p} = \frac{p}{p_0} \quad \bar{\boldsymbol{\tau}} = \frac{\boldsymbol{\tau}}{\tau_0} \end{aligned} \tag{2.23}$$

Wprowadzając powyższe ilości charakterystyczne, (2.21) można odtworzyć jako,

$$\frac{\partial(\overline{\rho \boldsymbol{v}})}{\partial t} + \overline{\operatorname{div}}\left(\overline{\rho \boldsymbol{v}} \otimes \bar{\boldsymbol{v}} + \frac{p_0}{\rho_0 v_0^2} \bar{p}\right) = -\frac{\tau_0}{\rho_0 v_0^2} \overline{\operatorname{div}}\, \bar{\boldsymbol{\tau}} + \frac{g_0 r_0}{\rho_0 v_0^2} \bar{\boldsymbol{g}} \tag{2.24}$$

Kolejny zespół może być wykonany przy użyciu bezwymiarowej liczby Freuda Fr = $\frac{v_0^2}{g_0 r_0}$ i liczby Eulera Eu = $\frac{p_0}{\rho_0 v_0^2}$. Równanie pędu kauczukowego w bezwymiarowej formie konwekcyjnej może być zapisane jako

$$\frac{\mathrm{d}\boldsymbol{v}}{\mathrm{d}t} + Eu \frac{1}{\rho} \operatorname{div} \boldsymbol{\sigma} = \frac{1}{Fr} \boldsymbol{g} \tag{2.25}$$

Inna możliwość dotarcia do bezwymiarowych równań Eulera polega na wybraniu trzech stałych r_0, v_0 oraz ρ_0 - charakterystycznej długości domeny, prędkości i gęstości masy. Równania Eulera pomnożyć przez odpowiednie kombinacje tych stałych w następujący sposób:

Równania (2.21-2.22) tworzą równoczesny układ równań nieliniowych. Dla następnego rozważania oznaczyć i $Dv = \frac{\mathrm{d}v}{\mathrm{d}t}$ $D_0 = \frac{\partial}{\partial t} + v_x^0 \frac{\partial}{\partial x} + v_y^0 \frac{\partial}{\partial y} + v_z^0 \frac{\partial}{\partial z}$.

Następnie można zasugerować inne przybliżenie. Pierwsze bezwymiarowe równanie zmienia się na

$$D_0 \rho + \rho_0 \mathrm{div} \boldsymbol{V} = 0 \tag{2.26}$$

gdzie ρ_0 jest wartością odniesienia dla gęstości masy i ρ stanowi niewielkie odchylenie (fluktuację) tej wielkości. Drugi układ bezwymiarowy może prowadzić do potrojenia równań:

$$\begin{aligned} D_0 v_x + \frac{1}{\rho_0}\frac{\partial p}{\partial x} &= 0 \\ D_0 v_y + \frac{1}{\rho_0}\frac{\partial p}{\partial y} &= 0 \\ D_0 v_z + \frac{1}{\rho_0}\frac{\partial p}{\partial z} &= 0 \end{aligned} \tag{2.27}$$

a rozbieżność oczywiście znika.

3 METODA SKOŃCZONEJ OBJĘTOŚCI NA SIATCE SZEŚCIOKĄTNEJ

W tym rozdziale zostaną sformułowane podstawowe idee dotyczące problemu poruszania się cząstek powietrza w wyniku eksplozji w zamkniętej przestrzeni. Równania Landau-Lifschitz, [22], zostaną sformułowane i zmodyfikowane do dalszej obróbki numerycznej.

Podstawowe równania są sformułowane w formie konserwatorskiej w 2D:

$$\frac{\partial \rho}{\partial t}+\frac{\partial(\rho v_1)}{\partial x}+\frac{\partial(\rho v_2)}{\partial y}=0 \quad (3.1)$$

$$\frac{\partial(\rho v_1)}{\partial t}+\frac{\partial(p+\rho v_1^2)}{\partial x_1}+\frac{\partial(\rho v_1 v_2)}{\partial x_2}=0 \quad (3.2)$$

$$\frac{\partial(\rho v_2)}{\partial t}+\frac{\partial(\rho v_1 v_2)}{\partial x_1}+\frac{\partial(p+\rho v_2^2)}{\partial x_2}=0 \quad (3.3)$$

$$\frac{\partial e}{\partial t}+\frac{\partial[(e+p)v_1]}{\partial x_1}+\frac{\partial[(e+p)v_2]}{\partial x_2}=0 \quad (3.4)$$

gdzie t jest czas, a zmienne zachowawcze obejmują wektor prędkości $\boldsymbol{v} \equiv \{v_1, v_2\}$, gęstość masy gazu ρ, pędy $\rho\boldsymbol{v}$, ciśnienie gazu $p=(\gamma-1)\varepsilon$; energie potencjalna i kinetyczna są odpowiednio oraz $\varepsilon \ \frac{1}{2}\rho(v_1^2+v_2^2)$, a energia całkowita jednostki masy gazu jest $e=\rho[\varepsilon+(v_1^2+v_2^2)/2]$. Stosunek ciepła właściwego wynosi γ . Jak zwykle, (3.1) opisuje zachowanie gęstości masy, dwa pozostałe, (3.2), (3.3), zachowanie pędów oraz (3.4) zachowanie energii. Równania (3.1) - (3.4) mogą być przekształcone w postaci wektorowej jako:

$$\frac{\partial \rho}{\partial t}+\nabla.(\rho\boldsymbol{v})=0 \quad (3.5)$$

$$\frac{\partial(\rho\boldsymbol{v})}{\partial t}+\nabla.(\rho\boldsymbol{v}\otimes\boldsymbol{v})+\nabla p=0 \quad (3.6)$$

$$\frac{\partial \varepsilon}{\partial t}+\nabla.(\boldsymbol{v}\varepsilon+\boldsymbol{v}p)=0 \quad (3.7)$$

gdzie $\nabla.$ jest rozbieżność i $\otimes$ jest produktem zewnętrznym.

Ostatnie trzy równania mogą być zapisane w formie macierzowej jako:

$$\frac{\partial \boldsymbol{A}}{\partial t}+\frac{\partial \boldsymbol{B}}{\partial x_1}+\frac{\partial \boldsymbol{C}}{\partial x_2}=0 \tag{3.8}$$

gdzie składa się z $\boldsymbol{A}$ czterech zachowawczych zmiennych, $\boldsymbol{B}$ i $\boldsymbol{C}$ reprezentuje odpowiednie strumienie w kierunkach składowych współrzędnych.

Równania (3.1) do (3.4) są oczywiście silnie nieliniowe. Ostatnia modyfikacja równań (3.1) - (3.4) polega na ich transkrypcji na postać quasi-liniową, przy czym równania, w których po raz pierwszy dzieli się na pochodne czasowe i pozycyjne wektora $\boldsymbol{V}=\{\rho, v_1, v_2, p\}$ zmiennych zachowawczych, które stosuje się do odpowiednich macierzy, ich człony są liniowe:

$$\frac{\partial \boldsymbol{V}}{\partial t}+\boldsymbol{A}_1\frac{\partial \boldsymbol{V}}{\partial x_1}+\boldsymbol{A}_2\frac{\partial \boldsymbol{V}}{\partial x_2}=0. \tag{3.9}$$

Porównując (3.9) i (3.1) - (3.4), matryce $\boldsymbol{A}_1$ $\boldsymbol{A}_2$ stają się stosunkowo proste:

$$\boldsymbol{A}_1=\begin{bmatrix}0 & \rho & 0 & 0\\ 0 & 0 & 0 & \frac{1}{\rho}\\ 0 & 0 & 0 & 0\\ 0 & \gamma p & 0 & 0\end{bmatrix}+\boldsymbol{I}v_1,\quad \boldsymbol{A}_2=\begin{bmatrix}0 & 0 & \rho & 0\\ 0 & 0 & 0 & 0\\ 0 & 0 & 0 & \frac{1}{\rho}\\ 0 & 0 & \gamma p & 0\end{bmatrix}+\boldsymbol{I}v_2$$

Ponieważ metoda skończonej objętości opiera się na równowadze przepływów przejściowych między sąsiadującymi elementami, konieczne jest zapewnienie ich ciągłości. Na rys. 3.1 z obszaru definicji wykonano wycięcie, tak aby widoczne były typowe trzy sąsiadujące ze sobą cząstki, które są ciągłe geometrycznie i które są jednocześnie przepływem.

Z rys. 3.1 wynika, że odcięte brzegowe, zaznaczone kolejno $i=1,\dots,6$, mają kąt nachylenia względem x_1 osi i oznaczone są jako ω_i. To znaczy, że $\omega_6=2\pi$, na przykład. Jeżeli kierunek styczny (ścinania) do odciętych jest ω_i n_i, to jednostki normalne jednostki zewnętrznej zostaną przekierowane z x_1 - osi o kąt $\alpha_i=\frac{3\pi}{2}+\omega_i \bmod 2\pi$, $i=1,\dots,6$.

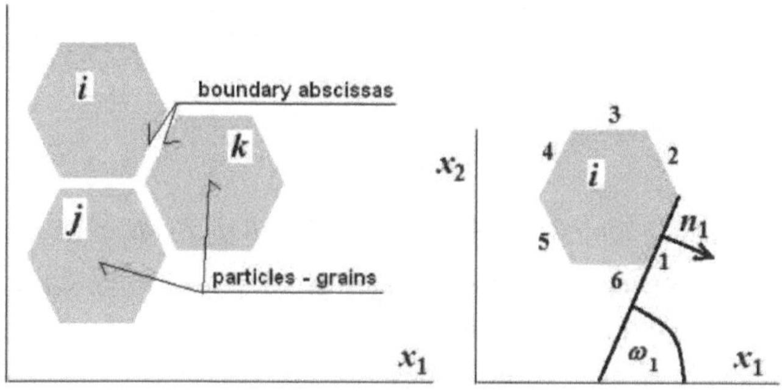

Rys. 3.1: Trzy sąsiadujące ze sobą cząstki i nachylenie wybranego elementu granicznego od x_1 - osi.

Niech czas będzie rozciągnięty od zera do wybranego czasu T , tj. $t \in (0,T)$. Przedział czasu jest podzielony na nie nakładające się na siebie przedziały czasowe $\delta t^n = [t^{(n-1)}, t^{(n)}]$, $n = 1,...,k$, $t^{(k)} = T$. Problem rozwiązania równań nieliniowych (3.9) może być zliniowany w taki sposób, że w tym czasie $t^{(n)}$ składowe matryc $A_1^{(t-1)}, A_2^{(t-1)}$ są uznawane za znane z poprzedniego kroku czasowego $t^{(n-1)}$. Niech $\Omega_k, k = 1,...,m$ będzie to zestaw sześciokątów nie nakładających się na siebie, w Ω którym $\Omega \in 2D$ i w którym zamknięcie $\overline{\Omega}_k, k = 1,...,m$ całkowicie się pokrywa, Ω tzn. dla $\Omega = \cup \overline{\Omega}_k \wedge \Omega_k \cap \Omega_l = \varnothing \; k \neq l$. Klasyczne przybliżenie objętości skończonej (3.9) polega na zmianie objętości kontrolnej pomiędzy czasem $t^{(n-1)}$ a $t^{(n)}$. Wybrać arbitralnie dopuszczalny oraz, k $\overline{\Omega}_k \cap \overline{\Omega}_l = S \neq \varnothing$, $l;k,l \in \{1,...,m\}$ tzn. dwa ostatnie sześciokąty przylegają do wspólnej granicy S . Następnie należy wybrać przedział czasowy $\delta t = (t^{(1)}, t^{(2)}) \in (0,T)$ i wybrać prostsze oznaczenie $K = \Omega_k, L = \Omega_l$. Równania (3.9) są następnie definiowane odpowiednio na $\Omega_k \times (t^{(1)}, t^{(2)}) = K \times \delta t$ $\Omega_l \times (t^{(1)}, t^{(2)}) = L \times \delta t$ i. Integrując je kolejno nad $K \times \delta t$ i nad plonami $L \times \delta t$

$$
\begin{aligned}
&\delta t \int_K (V(\boldsymbol{x}, t^{(2)}) - V(\boldsymbol{x}, t^{(1)})) \mathrm{d}x_1 \mathrm{d}x_2 + A_1^{(1)} \sum_{j=1}^{6} \int_{t^{(1)}}^{t^{(2)}} \int_{\partial K_j} V(\boldsymbol{x}, t) n_{\partial K_j, 1}(\boldsymbol{x}) \, \mathrm{d}x_1 \mathrm{d}t + \\
&+ A_2^{(1)} \sum_{j=1}^{6} \int_{t^{(1)}}^{t^{(2)}} \int_{\partial K_j} V(\boldsymbol{x}, t) n_{\partial K_j, 2}(\boldsymbol{x}) \, \mathrm{d}x_2 \mathrm{d}t = 0
\end{aligned}
\tag{3.10}
$$

$$\delta t\int_L (V(x,t^{(2)})-V(x,t^{(1)}))\mathrm{d}x_1\mathrm{d}x_2 + A_1^{(1)}\sum_{j=1}^{6}\int_{t^{(1)}}^{t^{(2)}}\int_{\partial L_j} V(x,t)n_{\partial L_j,1}(x)\,\mathrm{d}x_1\mathrm{d}t + \\ + A_2^{(1)}\sum_{j=1}^{6}\int_{t^{(1)}}^{t^{(2)}}\int_{\partial L_j} V(x,t)n_{\partial L_j,2}(x)\,\mathrm{d}x_2\mathrm{d}t = 0 \qquad (3.11)$$

gdzie $j = 1,...,6$, ponieważ i $\partial K = \cup_{j=1}^{6}\partial K_j$ $\partial L = \cup_{j=1}^{6}\partial L_j$, $n_{\partial K_j,i}$ i $n_{\partial L_j,i}$ są kierunkowymi cosinusami jednostki zewnętrznej normalnej do i ∂K_j ∂L_j , odpowiednio, tzn. projekcji jednostki normalnej do x_i , $i = 1,2$. Równania (3.10) i (3.11) mogą zostać przekształcone w postaci:

$$V_K^{(2)} - V_K^{(1)} + \sum_{j=1}^{6} F_K^j = 0, \qquad (3.12)$$

$$V_L^{(2)} - V_L^{(1)} + \sum_{j=1}^{6} F_L^j = 0 \quad (3.13)$$

gdzie i $V_K^{(1)}$ $V_K^{(2)}$ są wartościami przybliżonymi, odpowiednio, $\int_K V(x,t^{(1)})\,\mathrm{d}x_1\mathrm{d}x_2$ i $\int_K V(x,t^{(2)})\,\mathrm{d}x_1\mathrm{d}x_2$ podobnie, i $V_L^{(1)}$ $V_L^{(2)}$ są wartościami przybliżonymi, $\int_L V(x,t^{(1)})\,\mathrm{d}x_1\mathrm{d}x_2$ i $\int_L (V(x,t^{(2)})\,\mathrm{d}x_1\mathrm{d}x_2$ odpowiednio, i $F_K^{j,(2)}$ jest to wartość przybliżona:

$$F_K^j(x,t) = A_1^{(1)}\int_{t^{(1)}}^{t^{(2)}}\int_{\partial K_j} V(x,t)n_{\partial K_j,1}(x)\,\mathrm{d}x_1\mathrm{d}t + A_2^{(1)}\int_{t^{(1)}}^{t^{(2)}}\int_{\partial K_j} V(x,t)n_{\partial K_j,2}(x)\,\mathrm{d}x_2\mathrm{d}t \qquad (3.14)$$

$F_L^{j,(2)}$ jest przybliżeniem:

$$F_L^j(x,t) = A_1^{(1)}\int_{t^{(1)}}^{t^{(2)}}\int_{\partial K_j} V(x,t)n_{\partial L_j,1}(x)\,\mathrm{d}x_1\mathrm{d}t + A_2^{(1)}\int_{t^{(1)}}^{t^{(2)}}\int_{\partial L_j} V(x,t)n_{\partial L_j,2}(x)\,\mathrm{d}x_2\mathrm{d}t \quad (3.15)$$

Na wspólnej granicy międzyfazowej S dwóch sąsiadujących ze sobą obszarów kontrolnych K, L, znajduje się ona w dowolnym momencie t,

$$n_{\partial K_j,1}(x) + n_{\partial L_k,1}(x) = 0, \qquad n_{\partial L_j,2}(x) + n_{\partial L_k,2}(x) = 0 \quad ,$$
(3.16)

$x \in S = \overline{\partial K} \cap \overline{\partial L}$ Stąd też normalne strumienie są antysymetryczne wzdłuż interfejsów. W konstrukcji bryłowej zostanie zastosowana metoda swobodnego sześciokąta z pewnymi odpowiednimi wymaganiami - patrz następny rozdział. Ponieważ wymagana jest zgodność geometryczna pomiędzy powietrzem a strukturą stałą, punkty węzłowe są umieszczone w środkach odcięć granicznych każdego elementu. Pozwala to na proste przybliżenie konserwatywnych zmiennych, co pozwala nam na wyrażenie niezbędnych całek jako:

$$
\begin{aligned}
&\int_K (V(x,t^{(2)}) - V(x,t^{(1)}))dx_1dx_2 \approx \\
&\approx \frac{\text{area } K}{6}\sum_{i=1}^{6} (V(x_i,t^{(2)}) - V(x_i,t^{(1)}), x_i \in \text{center } \partial K_i, \\
&\int_L (V(x,t^{(2)}) - V(x,t^{(1)}))dx_1dx_2 \approx \\
&\approx \frac{\text{area } L}{6}\sum_{i=1}^{6} (V(x_i,t^{(2)}) - V(x_i,t^{(1)}), x_i \in \text{center } \partial L_i.
\end{aligned}
\tag{3.17}
$$

Podobnie,

$$
\begin{aligned}
F_K^j &= \delta t[A_1^{(1)}(x_j)(V(x_j,t^{(2)})n_{\partial K_j,1}(x_j) - V(x_j,t^{(2)})n_{\partial K_j,1}(x_j)) + \\
&+ A_2^{(1)}(x_j)(V(x_j,t^{(2)})n_{\partial K_j,2}(x_j) - V(x_j,t^{(2)})n_{\partial K_j,2}(x_j))] \times \text{length } K_j
\end{aligned}
\quad x_j \in \text{center } \partial K_j
\tag{3.18}
$$

$$
\begin{aligned}
F_L^j &= \delta t[A_1^{(1)}(x_j)(V(x_j,t^{(2)})n_{\partial L_j,1}(x_j) - V(x_j,t^{(2)})n_{\partial L_j,1}(x_j)) + \\
&+ A_2^{(1)}(x_j)(V(x_j,t^{(2)})n_{\partial L_j,2}(x_j) - V(x_j,t^{(2)})n_{\partial L_j,2}(x_j))] \times \text{length } K_j
\end{aligned}
\quad x_j \in \text{center } \partial L_j ,
\tag{3.19}
$$

Algorytm od razu wynika z powyższych rozważań: jeśli liczba odciętych elementów jest n , to liczba równań do rozwiązania za każdym razem jest $t^{(n)}$ $n \times 4\,(\text{conservative variables}) \times 2\,(\text{directions}) = 8n$; taka sama jest liczba niewiadomych. Przypomnijmy, że powyższy algorytm opiera się na różnicach wstecznych.

3.1 *Różnice skończone*

Wspomnijmy o niektórych schematach zróżnicowanego przybliżenia instrumentów pochodnych:

$$\text{Backward differences: } \frac{\partial f(x_0)}{\partial x} = \frac{f(x_0) - f(x_0 - \Delta x)}{\Delta x} + O(\Delta x)$$
$$\text{Forward differences: } \frac{\partial f(x_0)}{\partial x} = \frac{f(x_0 + \Delta x) - f(x_0)}{\Delta x} + O(\Delta x) \qquad (3.20)$$

Różnice wsteczne:

$$\frac{\partial f(x_0)}{\partial x} = \frac{3f(x_0) - 4f(x_0 - \Delta x) + f(x_0 - 2\Delta x)}{2\Delta x} + O(\Delta x^2)$$
$$\frac{\partial^2 f(x_0)}{\partial x^2} = \frac{1f(x_0) - 2f(x_0 - \Delta x) + f(x_0 - 2\Delta x)}{\Delta x^2} + O(\Delta x) \qquad (3.21)$$

Różnice do przodu:

$$\frac{\partial f(x_0)}{\partial x} = \frac{3f(x_0) - 4f(x + \Delta x) + f(x + 2\Delta x)}{2\Delta x} + O(\Delta x^2)$$
$$\frac{\partial^2 f(x_0)}{\partial x^2} = \frac{f(x_0) - 2f(x + \Delta x) + f(x + 2\Delta x)}{\Delta x^2} + O(\Delta x) \qquad (3.22)$$

Przypomnij sobie dokładniejszą różnicę skończonych różnic wstecznych dla pierwszego i drugiego instrumentu pochodnego z dokładnością do trzeciego i drugiego rzędu:

$$\frac{\partial f(x_0)}{\partial x} = \frac{\frac{11}{6} f(x_0) - 3f(x_0 - \Delta x) + \frac{3}{2} f(x_0 - 2\Delta x) - \frac{1}{3} f(x_0 - 3\Delta x)}{\Delta x} + O(\Delta x^3)$$
$$\frac{\partial^2 f(x_0)}{\partial x^2} = \frac{2f(x_0) - 5f(x_0 - \Delta x) + 4f(x_0 - 2\Delta x) f(x_0 - 3\Delta x)}{\Delta x} + O(\Delta x^2)$$
$$(3.23)$$

3.2 *Metoda skończonej objętości na cylindrze*

Wraz z badaniem propagacji i ciśnienia spowodowanego eksplozją w rurze, wygodniejsze wydaje się wprowadzenie w jej miejsce cylindrycznych współrzędnych. $0r\theta z$ Niewiadome są teraz ρ $\{u_r, u_\theta, u_z\}$, składowe prędkości , p i e:

$$
\begin{aligned}
&\frac{\partial \rho}{\partial t}+\frac{1}{r}\frac{\partial(\rho r u_r)}{\partial r}+\frac{1}{r}\frac{\partial(\rho u_\theta)}{\partial \theta}+\frac{\partial(\rho u_z)}{\partial z}=0\\
&\rho\left(\frac{\partial u_r}{\partial t}+u_r\frac{\partial u_r}{\partial r}+\frac{u_\theta}{r}\frac{\partial u_r}{\partial \theta}+u_z\frac{\partial u_r}{\partial z}-\frac{u_\theta^2}{r}\right)=-\frac{\partial p}{\partial r}\\
&\rho\left(\frac{\partial u_\theta}{\partial t}+u_r\frac{\partial u_\theta}{\partial r}+\frac{u_\theta}{r}\frac{\partial u_\theta}{\partial \theta}+u_z\frac{\partial u_\theta}{\partial z}+\frac{u_r u_\theta}{r}\right)=-\frac{1}{r}\frac{\partial p}{\partial \theta}\\
&\rho\left(\frac{\partial u_z}{\partial t}+u_r\frac{\partial u_z}{\partial r}+\frac{u_\theta}{r}\frac{\partial u_z}{\partial \theta}+u_z\frac{\partial u_z}{\partial z}\right)=-\frac{\partial p}{\partial z}\\
&\frac{\partial e}{\partial t}+\frac{1}{r}\frac{\partial[(e+p)u_r]}{\partial r}+\frac{1}{r}\frac{\partial[(e+p)u_\theta]}{\partial \theta}+\frac{\partial[(e+p)u_z]}{\partial z}=0
\end{aligned}
\tag{3.24}
$$

Ponieważ środkowe położenie ładunku i geometria problemu zapewnia symetrię względem z - osi (poziomej), to żadna zależność współrzędnych kąta nie θ pozwala na uproszczenie tych ostatnich równań dla niewiadomych ρ, $\{u_r, u_\theta, u_z\}$, p e:

$$
\begin{aligned}
&\frac{\partial \rho}{\partial t}+\frac{1}{r}\frac{\partial(\rho r u_r)}{\partial r}+\frac{\partial(\rho u_z)}{\partial z}=0\\
&\rho\left(\frac{\partial u_r}{\partial t}+u_r\frac{\partial u_r}{\partial r}+u_z\frac{\partial u_r}{\partial z}\right)=-\frac{\partial p}{\partial r}\\
&\rho\left(\frac{\partial u_z}{\partial t}+u_r\frac{\partial u_z}{\partial r}+u_z\frac{\partial u_z}{\partial z}\right)=-\frac{\partial p}{\partial z}\\
&\frac{\partial e}{\partial t}+\frac{1}{r}\frac{\partial[(e+p)u_r]}{\partial r}+\frac{\partial[(e+p)u_z]}{\partial z}=0
\end{aligned}
\tag{3.25}
$$

oraz

$$
p=(\gamma-1)e+\frac{1}{2}\rho\left[(\frac{\partial u_r}{\partial t})^2+(\frac{\partial u_z}{\partial t})^2\right] \tag{3.26}
$$

Ponieważ równania nie są zależne od współrzędnych obręczy θ, w obliczeniach bierze się pod uwagę tylko zacienione cięcie. Oznaczmy

$$V=\begin{Bmatrix}\rho\\ v_r\\ v_z\\ p\end{Bmatrix},\quad A_r=\begin{bmatrix}u_r & \rho & 0 & 0\\ 0 & u_r & 0 & \frac{1}{\rho}\\ 0 & 0 & u_r & 0\\ 0 & \gamma p & 0 & u_r\end{bmatrix},\quad A_z=\begin{bmatrix}u_z & \rho & 0 & 0\\ 0 & u_z & 0 & 0\\ 0 & 0 & u_z & \frac{1}{\rho}\\ 0 & 0 & \gamma p & u_z\end{bmatrix} \qquad (3.27\quad)$$

wówczas można wymienić równania zachowania (3.27) w formie wektorowej,

$$\frac{\partial V}{\partial t}+A_r\frac{\partial V}{\partial r}+A_z\frac{\partial V}{\partial z}=0 \qquad (3.28)$$

Niech czas jest rozciągnięty od zera do wybranego czasu T , tj. $t\in(0,T)$. Przedział czasu jest podzielony na nie nakładające się na siebie przedziały czasowe $\delta t^n=[t^{(n-1)},t^{(n)}],n=1,...,k,t^{(k)}=T$. Problem rozwiązania równań nieliniowych (3.28) może być zliniowany w taki sposób, że w tym czasie $t^{(n)}$ składowe matryc A_r,A_z są uważane za znane z poprzedniego czasu $t^{(n-1)}$. Niech $\Omega_i, i=1,...,m$ będzie to układ nienakładający się na siebie, w $\overline{\Omega}$ którym ($\Omega\in 2D$ cylindryczne symetryczne współrzędne) i zamknięcie przegubu $\overline{\Omega}_i, i=1,...,m$ całkowicie pokrywa się, tzn $\overline{\Omega}$. dla $\overline{\Omega}=\cup\overline{\Omega}_i\wedge\Omega_i\cap\Omega_j=\varnothing\ i\neq j$. Klasyczne przybliżenie objętości skończonej (3,28) polega na zmianie objętości kontrolnej pomiędzy czasem $t^{(n-1)}$ a $t^{(n)}$. Wybrać arbitralnie dopuszczalne i i j w taki sposób, aby $K_i\equiv S$ i $K_j\equiv Z$ były przylegającymi do siebie elementami o wspólnej granicy P . Równania (3.28) są następnie definiowane odpowiednio na $S\times[t^{(n-1)},t^{(n)}]$ $Z\times[t^{(n-1)},t^{(n)}]$ i. Integrując je uzyskuje się

$$\frac{1}{\delta t^n}\int_S r(V(x,t^n)-V(x,t^{n-1}))\mathrm{d}r\mathrm{d}z+$$
$$+A_r^{(n-1)}\sum_{j=1}^{6}\int_{t^{n-1}}^{t^n}\int_{\partial S_j} rV^{(n)}(x,t)n_{S,r}^j(x,t)\,\mathrm{d}\gamma_S(x)\mathrm{d}t+$$
$$+A_z^{(n-1)}\sum_{j=1}^{6}\int_{t^{n-1}}^{t^n}\int_{\partial S_j} V^{(n)}(x,t)n_{S,z}^j(x,t)\,\mathrm{d}\gamma_S(x)\mathrm{d}t=0$$

$$\frac{1}{\delta t^n}\int_Z r(V(x,t^n)-V(x,t^{n-1}))\mathrm{d}r\mathrm{d}z+$$
$$+A_r^{(n-1)}\sum_{j=1}^{4}\int_{t^{n-1}}^{t^n}\int_{\partial Z_j} rV^{(n)}(x,t)n_{Z,r}^j(x,t)\,\mathrm{d}\gamma_Z(x)\mathrm{d}t+$$
$$+A_z^{(n-1)}\sum_{j=1}^{4}\int_{t^{n-1}}^{t^n}\int_{\partial Z_j} V^{(n)}(x,t)n_{Z,z}^j(x,t)\,\mathrm{d}\gamma_Z(x)\mathrm{d}t=0 \tag{3.29}$$

gdzie $x\equiv\{r,z\}$, $j=1,...,4$ ponieważ liczba granic (boków granicznych) ∂S_j ∂Z_j Z wynosi dokładnie 4, gdzie S i $\mathrm{d}\gamma_S$ $\mathrm{d}\gamma_Z$ oznacza zbiór sześciu miar boków oraz S Z , odpowiednio, $n_{S,r}^j$ $n_{S,z}^j$ są kierunkowymi cosinusami jednostki zewnętrznej normalnymi do ∂S_j i podobnie do ∂Z_j , odpowiednio. Jeżeli są to odpowiednio dwu- $\|.\|$ lub trójwymiarowe miary dla krzywoliniowych boków, zazwyczaj lub objętość krzywoliniowych bloków S lub Z równania (3.29) mogą być zapisane jako

$$\|S\|(V_S^{(n)}-V_S^{(n-1)})+\delta t^{(n)}\sum_{j=1}^{6}\|S_j\|F_S^{j,(n)}=0,$$
$$\|Z\|(V_Z^{(n)}-V_Z^{(n-1)})+\delta t^{(n)}\sum_{j=1}^{6}\|Z_j\|F_Z^{j,(n)}=0 \tag{3.30}$$

gdzie $V_S^{(n)}$ i gdzie $V_S^{(0)}$ są podane odpowiednio w przybliżeniu $\frac{1}{\|S\|}\int_S V(x,t^{(n)})\mathrm{d}S$ $\frac{1}{\|S\|}\int_S V(x,t^{(0)})\mathrm{d}x$ $V_Z^{(n)}$ $F_S^{j,(n)}$ i jest $V_Z^{(0)}$ przybliżeniem $\frac{1}{\|Z\|}\int_Z V(x,t^{(n)})\mathrm{d}Z$ $\frac{1}{\|Z\|}\int_Z V(x,t^{(0)})\mathrm{d}x$ i stanowi przybliżenie, odpowiednio

$$F_S^{j,(n)} = \frac{1}{\left\| \partial S_j \right\|} \left(\begin{array}{l} A_r^{(n-1)} \sum_{j=1}^{4} \int_{t^{n-1}}^{t^n} \int_{\partial S_j} r V_S^{(n)}(x,t) n_{S,r}^j(x,t)\, \mathrm{d}\gamma_S(x) \mathrm{d}t \\ + A_z^{(n-1)} \sum_{j=1}^{4} \int_{t^{n-1}}^{t^n} \int_{\partial S_j} V_S^{(n)}(x,t) n_{S,z}^j(x,t)\, \mathrm{d}\gamma_S(x) \mathrm{d}t \end{array} \right),$$

i podobne relacje są ważne, jeśli zastępują one S Z.

Dla dwóch sąsiednich powierzchni P o dwóch objętościach kontrolnych S_j i Z_k trzyma się w dowolnym momencie t , $n_{S,r}^j(x,t) + n_{Z,r}^k(x,t) = 0$, $n_{S,z}^j(x,t) + n_{Z,z}^k(x,t) = 0$, $x \in P = \overline{\partial S_j} \cap \overline{\partial Z_k}$ dlatego też normalne strumienie są lustrzane symetrycznie wzdłuż interfejsów. Algorytm bezpośrednio wynika z powyższych rozważań.

Pozostaje ustalić warunki początkowe i graniczne. Warunki początkowe można zdefiniować jako:

$u_r = u_z = 0$ w Ω, $\rho = 1.25$ kg/m3 w Ω, $p = 32$ GPa wzdłuż granicy ładunku Semtex A1 (np.), tzn. funkcja Dirac pomnożona przez 32, $p = 0.1$ MPa w $\partial\Omega = \Omega - \overline{\Omega}$.

Warunki brzegowe są takie same:

$\frac{\partial \rho}{\partial r} = \frac{\partial p}{\partial r} = 0$ na górnych i dolnych granicach, Ω $\frac{\partial \rho}{\partial z} = \frac{\partial p}{\partial z} = 0$ na lewych i prawych granicach Ω, i wszędzie $u_r = u_z = 0$ $\partial\Omega$.

4 USZKODZENIA KONSTRUKCJI WYKORZYSTUJĄCYCH NIECIĄGŁE ELEMENTY BRZEGOWE

Wiele prac dotyczyło opisu rozwoju uszkodzeń struktur stałych, [29], [52-53]. Jeżeli nie wiadomo, gdzie może dojść do zainicjowania pęknięcia w materiale, np. jeżeli nie ma wyraźnie określonej dyslokacji (osłabienia, skrajnej koncentracji naprężeń) w rozważanym ośrodku stałym, to dużym problemem jest określenie lokalizacji uszkodzenia i późniejszego rozprzestrzeniania się pęknięcia. Rozwiązanie tego problemu jest głównym celem tej książki.

W przypadku, gdy miejsce uszkodzenia nie jest znane, wskazane jest zastosowanie elementów dyskretnych. Podstawową ideę przedstawiono w 1971 roku [31], gdzie konstrukcję ciągłą zastąpiono kołami lub prostokątami w 2D lub kulami lub cegłami w 3D. Pomysł ten jest następnie rozwinięty w [32], [33]. Wzorzec kulisty cierpi na brak określenia naprężeń w poszczególnych elementach, ponieważ sąsiadujące ze sobą elementy stykają się w punktach, więc naprężenia w nich nie są zdefiniowane. W przypadku przybliżenia cegły zastosowania są mocno ograniczone.

W 1999 roku autorzy [34] wpadli na pomysł zastąpienia kół sześciokątami. W ten sposób można wykryć deformację i naprężenia wewnątrz elementów. Cząstki sześciokątne zostały utworzone przez ostatnie subelementy, a następnie wyeliminowano zbędny węzeł wewnątrz cząstek. Niewielki problem pojawił się przy formułowaniu interakcji pomiędzy sąsiadującymi elementami, ponieważ trakcja i przemieszczenia mają różne stopnie przybliżenia.

Zostało to przezwyciężone poprzez rozwiązanie problemu rozkładu przemieszczeń i trakcji w każdej cząstce, zastępując metodę elementów skończonych metodą elementów skończonych metodą elementów granicznych, w której wprowadza się najniższą aproksymację przemieszczeń i naprężeń: stały rozkład tych zmiennych wzdłuż granicy pomiędzy sąsiadującymi elementami, patrz [35], [36]. Podobna metoda została zaproponowana w [37], gdzie zastosowano jądra zależne od czasu.

W tym rozdziale zostaną wprowadzone dwie cząstki do opisania rozchodzenia się uszkodzeń, sześciokątna i prostokątna, które w odróżnieniu od poprzednich elementów brzegi nowych cząstek mają zawsze jeden odcięty międzyfazowy z sąsiednią cząstką, co oznacza, że nie jest możliwe stworzenie muru ceglanego, chyba że sztuczne zdefiniowanie styku. W 3D interesujący będzie dla nas element ceglany, ale ponownie układanie początkowe wykluczy ceglaną konstrukcję ściany.

Jeśli chodzi o warunki kontaktu, zostaną zaproponowane dwie podstawowe koncepcje, które pozwolą przezwyciężyć niepewność lokalizacyjną. Bardzo wydajny model wykorzystuje algorytm Uzawa, [54], [30], który może być interpretowany jako twardy kontakt pomiędzy sąsiadującymi cząstkami. Następnie zostanie zaproponowana reguła sprężynowa (miękki kontakt) do łączenia sąsiadujących cząstek wzdłuż wspólnych odcięć granicznych, [35-36].

W niektórych poprzednich pracach autora tej książki miękki kontakt pomiędzy sąsiadującymi cząstkami został opisany przez hipotezę Mohr-Coulomba. Najbardziej ogólne sformułowanie problemu kontaktu z tarciem Mohr-Coulomba zostało wprowadzone w [57], ale dowód na unikalność i rozpuszczalność został przedstawiony tylko dla nieskończonego paska w 2D. Biuro ds. Kopalń opublikowało kilka badań [6], [7], w których dla problemów dynamicznych zaleca się stosowanie kryteriów Johnsona i Hoek-Browna [38], [39], zamiast poprzedniej hipotezy. Ta ostatnia metoda oferuje lepsze przybliżenie koperty Mohra, która wyraża krytyczne naprężenia. Kryterium Hoek-Browna zastosowano do opisu rozwoju szkód zaproponowanego również z powodzeniem w [40-43].

4.1 *Formułowanie metody swobodnego sześciokąta*

W tym rozdziale do rozwiązania problemu wpływu eksplozji w przestrzeni podziemnej stosuje się metodę swobodnych cząstek sześciokątnych. Metodę z dyskretnymi wolnymi sześciokątnymi elementami można uznać za jedną z metod elementów odrębnych (DEM). Wielką wadą klasycznego DEM jest jednak zasilanie ich właściwościami materiałowymi podanymi w testach laboratoryjnych (tak jest w przypadku statycznego kodu przepływu cząstek, sformułowanego w następnej części, ponieważ tarcze są połączone sprężynami, a laboratoria zapewniają zupełnie inne parametry materiałowe). Można to przezwyciężyć, biorąc pod uwagę cechy materiału, które są podobne do kontinuum. Główna idea klasycznego DEM jest przyjęta, a domeną definiującą kontinuum struktury jest w naszym przypadku sześciokątna sprężysta lub inne (sprężysto-plastyczne, lepko-sprężyste-plastyczne, itp.) elementy. Zakłada się, że elementy te są połączone za pomocą sprężyn, do których można stosować różne prawa fizyczne. Metoda swobodnego elementu sześciokątnego spełnia naturalny wymóg polegający na przypisaniu właściwości sprężystych cząstkom i innym parametrom materiału geotechnicznego (kąt tarcia wewnętrznego, wytrzymałość na ścinanie lub kohezja) do styków elementów. Biorąc pod uwagę, że większość cząstek ma ten sam kształt prowadzi to do możliwości zastosowania bardzo silnych procedur iteracyjnych, ponieważ matryca sztywności może być przechowywana w wewnętrznej pamięci komputerów.

Główną ideą metody elementów nieciągłych granic jest następujące podejście koncepcyjne. Po pierwsze, skupiamy się na konkretnym elemencie z obszaru definicji, który jest objęty elementami nieciągłymi w określonym czasie. Należy wziąć pod uwagę aktualny stan deformacji i naprężeń oraz ich przemieszczenia w tym elemencie. Zamocuj otaczające elementy i zastosuj warunki równowagi i styku na wybranym elemencie i jego otoczeniu tak, aby wybrany element jako jedyny mógł się deformować i poruszać. Następnie przejdź do następnego elementu i powtórz powyższą procedurę. Powtarza się to do momentu, gdy cały system elementów jest stabilny w aktualnym kroku czasowym. Następnie przechodzimy do następnego punktu w czasie w sensie wybranego ciągu czasowego i powyższa procedura się powtarza. Szczegółowy opis znajduje się w [36].

Warunki połączenia są sformułowane w pkt 4.1.4, gdzie zasada z Lagrangian opiera się na sformułowaniu kar. Parametrami karnymi są sztywności sprężynowe. Ponieważ elementy (cząstki) są uważane za wystarczająco małe, uwzględnia się przypadek izotropowy i jednorodny, na przykład przez moduł sprężystości E i współczynnik Poissona ν. Poczynając od równowagi dynamicznej, rozwiązuje się klasyczny problem uogólnionego tarcia Coulomba i wykluczenia naprężeń rozciągających przekraczających wytrzymałość na rozciąganie wzdłuż powierzchni styku cząstek. Typowy układ elementów pokrywających wybraną domenę przedstawiono na rys. 4.1.

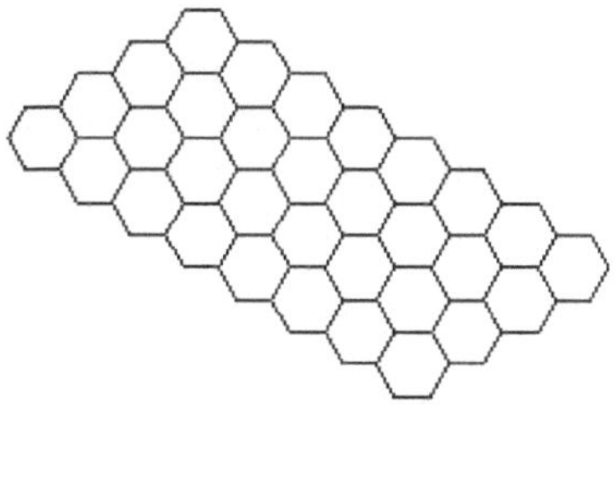

Rys. 4.1: Podstawowy układ regularnych sześciokątnych cząstek.

Następnie rozkład masy wewnątrz każdego elementu jest jednolity w takim sensie, że jest on wyśrodkowany w każdym elemencie. Najpierw formułowane jest rozwiązanie problemu sprężystości w elemencie, a następnie element jest umieszczany w sąsiedztwie sąsiednich elementów. Zakłada się regularne rozmieszczenie elementów, tzn. do utworzenia tylko jednej macierzy odnoszącej się do trakcji i przesunięć granicznych. To nie jest utrata ogólnikowości, ale służy lepszemu wyjaśnieniu algorytmu. Również tylko problem 2D jest rozwiązany jako w pełni wystarczający do opisania wpływu wybuchów na sąsiednią konstrukcję.

Na rys. 4.2 widoczne są wybrane elementy sąsiadujące. To zgrupowanie jest wycięte z osłony przez sześciokąty. Musimy wyrazić relację pomiędzy sąsiadującymi ze sobą elementami i dlatego właśnie stosuje się najprostsze przybliżenie przez elementy graniczne. Pozwala to na powiązanie trakcji międzyfazowych i odpowiednie przemieszczenie wzdłuż każdej przyległej odcięty, a zatem sformułowanie relacji w kategoriach reguły sprężyny lub innych, bardziej ogólnych praw.

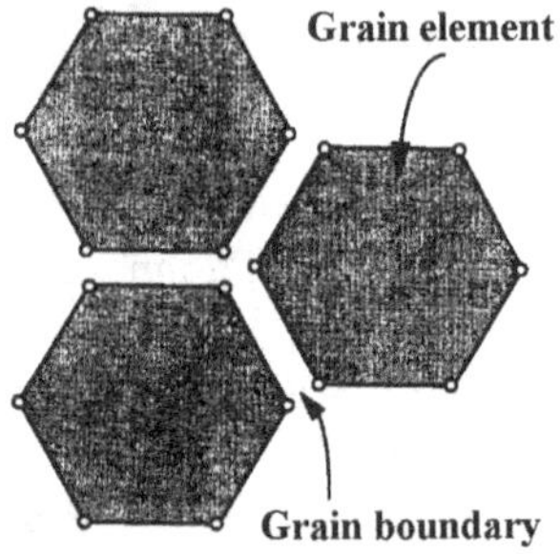

Rys. 4.2: Rozmieszczenie sąsiadujących cząstek (ziaren)

Zwróć uwagę, że problem jest rozwiązany w kontinuum nieciągłym, dlatego też w fazie stałej stosuje się wariantową zasadę Lagrangiana dla dynamiki kontinuum. Dynamika Lagrangian jest sformułowana dla ruchu hipersonicznego, czego nie zakłada się w tej książce.

4.2 *Rozwiązanie elementu granicznego w jednym elemencie*

Jak powiedziano wcześniej, przypadek dwuwymiarowy jest uważany za w pełni reprezentatywny. Roztwór elastyczności na każdym elemencie sześciokątnym jest przybliżony poprzez stężenie DOF w środkach odcięć brzegowych elementu sześciokątnego, a rozkład przesunięć brzegowych i trakcji wzdłuż krawędzi sześciokąta jest założony jako jednolity.

Rozważmy typowy element sześciokątny z zestawu $\Omega_k, k = 1,...,n$, gdzie n to liczba nie nakładających się na siebie elementów pokrywających oryginalną domenę, opisujących odcięte granice $\Gamma_{kl}, l = 1,...,6$. W stanie niezdefiniowanym domena Ω_s jest wyposażona w globalny układ współrzędnych ($0x_1x_2$ problem jest rozwiązany jako dwuwymiarowy). Elastyczność przyjmowana w każdym elemencie sześciokątnym jest opisana przez znany zestaw 8 równań dla ośmiu niewiadomych przemieszczeń $\boldsymbol{u}^k(\boldsymbol{x},t) \equiv \{u_1^k(\boldsymbol{x},t), u_2^k(\boldsymbol{x},t)\}$, naprężeń $\varepsilon^k(\boldsymbol{x},t) \equiv \{\varepsilon_{11}^k(\boldsymbol{x},t), \varepsilon_{22}^k(\boldsymbol{x},t), \varepsilon_{12}^k(\boldsymbol{x},t)\}$ i naprężeń $\sigma^k(\boldsymbol{x},t) \equiv \{\sigma_{11}^k(\boldsymbol{x},t), \sigma_{22}^k(\boldsymbol{x},t), \sigma_{12}^k(\boldsymbol{x},t)\}$, które są zależne od pozycji $\boldsymbol{x} \in \Omega^k$ i czasu t. W tym, co następuje, dla uproszczenia, wskaźnik k jest odrzucany. Równania kinematyczne są zapisane jako:

$$\varepsilon_{ij}(\boldsymbol{x},t) = \frac{1}{2}\left\{\frac{\partial u_i}{\partial x_j}(\boldsymbol{x},t) + \frac{\partial u_j}{\partial x_i}(\boldsymbol{x},t)\right\} \quad i,j = 1,2 \quad , \qquad (4.1)$$

Uogólnione prawo Hooke'a odnosi szczepy i stres jako:

$$\sigma_{ij}(\boldsymbol{x},t) = L_{ij\alpha\beta}(\boldsymbol{x},t)\varepsilon_{\alpha\beta} + \lambda_{ij}(\boldsymbol{x},t)$$
$$\text{or} \qquad i,j,\alpha,\beta = 1,2 \qquad (4.2)$$
$$\sigma_{ij}(\boldsymbol{x},t) = L_{ij\alpha\beta}(\boldsymbol{x},t)[\varepsilon_{\alpha\beta} - \mu_{\alpha\beta}(\boldsymbol{x},t)]$$

W (4.2), L_{ijkl} są to składowe sprężystego materiału sztywnego, są to składowe napięstnika naprężenia własnego $\mu_{\alpha\beta}$ i λ_{ij} są to składowe napięstnika naprężenia własnego Należy zauważyć, że zależność ta $\lambda_{ij} = -L_{ij\alpha\beta}\mu_{\alpha\beta}$ obowiązuje. Mogą one być odporne na odkształcenia plastyczne, stres relaksacyjny, zmiany temperatury, mogą wyrażać prawa problemów dziedzicznych, itp. Ponadto, b_i będzie wektorem ciężaru objętościowego, a także angażować siły bezwładności D'Alemberta, a ρ gęstość masy jest zakładana jako stała w całym elemencie. Ponieważ pod uwagę brany jest na tyle mały element sześciokątny, że w środku ciężkości cząstki można rozpatrywać zarówno gęstość masy w bryłach, jak i siły bezwładności, termin dynamiczny nie będzie na razie zakładany w (4.3) i tylko przypadek statyczny (pseudostatyczny) będzie badany w tym rozdziale, a zachowanie pędu (równowaga statyczna) będzie przedstawiane jako,

$$\frac{\partial \sigma_{ij}(\boldsymbol{x},t)}{\partial x_j} = b_i(\boldsymbol{x},t) \tag{4.3}$$

Równania całkujące będą formułować problem równoważny z (4.3): Uwzględnić pojedynczy element sześciokątny znajdujący się w stanie aktualnym, powiedzmy, w czasie t = T. W każdym elemencie sześciokątnym uwzględnia się właściwości materiału sprężystego, tzn. element zachowuje się liniowo. Dzięki temu możliwe jest wprowadzenie jedynie elastycznego tensora sztywności materiału, który uważany jest za jednorodny i izotropowy, a znane równania całkowe obowiązują wzdłuż odciętych krawędzi sześciokątów, [57]:

Następnie, generalnie rzecz biorąc, formułują się równania integralne:

$$\begin{aligned} c_{ik}u_k(\xi) &= \int_{\Gamma} p_i(\boldsymbol{x},t)u^*_{ik}(\boldsymbol{x},\xi)\mathrm{d}\boldsymbol{x} - \int_{\Gamma} u_i(\boldsymbol{x},t)p^*_{ik}(\boldsymbol{x},\xi)\,\mathrm{d}\boldsymbol{x} + \\ &+ \int_{\Omega} \sigma^*_{ik\alpha}(\boldsymbol{x},\xi)\mu_{i\alpha}(\boldsymbol{x},t)\mathrm{d}\boldsymbol{x} + \int_{\Omega} b_i(\boldsymbol{x},t)u^*_{ik}(\boldsymbol{x},\xi)\,\mathrm{d}\boldsymbol{x} \end{aligned} \tag{4.4}$$

gdzie *i i* i *k biegną* 1,2, a s = 1,...,6, δ_{ij} to delta Kroneckera. Pola i $\boldsymbol{u} = \{u_1, u_2\}$ $\boldsymbol{p} = \{p_1, p_2\}$ oznaczające odpowiednio przemieszczenia i trakcję $\mu_{i\alpha}$ są składnikami tensora napięcia własnego, które mogą być wykorzystane do symulacji predysponowanych przemieszczeń, zmian temperatury, pęcznienia itp. Punkt ten $\boldsymbol{x} = \{x_1, x_2\}$ jest punktem integracji i $\boldsymbol{\xi} = \{\xi_1, \xi_2\}$ jest obserwatorem.
W przypadku sześciokątów regularnych i równomiernego rozkładu zarówno przemieszczeń jak i trakcji trzyma $c_{ik} = \frac{1}{2}\delta_{ik}$, umieszczając kolejno $\boldsymbol{\xi}$ punkty obserwacji w punktach $\boldsymbol{\xi}_l$, które są wyśrodkowane na odciętych brzegowych elementów sześciokątnych, równanie integralne (4.4) zwraca się do:

$$\begin{aligned} \frac{1}{2}\delta_{ik}u_k(\xi) &= \int_{\Gamma} p_i(\boldsymbol{x},t)u^*_{ik}(\boldsymbol{x},\xi)\,\mathrm{d}\boldsymbol{x} - \int_{\Gamma} u_i(\boldsymbol{x},t)p^*_{ik}(\boldsymbol{x},\xi)\,\mathrm{d}\boldsymbol{x} + \\ &+ \int_{\Omega} \sigma^*_{ik\alpha}(\boldsymbol{x},\xi)\mu_{i\alpha}(\boldsymbol{x},t)\mathrm{d}\boldsymbol{x} + \int_{\Omega} b_i(\boldsymbol{x},t)u^*_{ik}(\boldsymbol{x},\xi)\,\mathrm{d}\boldsymbol{x} \end{aligned} \tag{4.5}$$

Ilości oznaczone gwiazdką to znane jądra - podstawowe rozwiązania - które powstają w wyniku rozwiązania problemu źródłowego w obszarze swobodnym i dla stanu odkształcenia prostego można wymienić jako:

$$u^*_{ij}(\boldsymbol{x},\xi) = \frac{1}{8\pi(1-\nu)G}[(3-4\nu)\log(1/r)\delta - \frac{r_i r_j}{r^2}],$$

$$p^*_{ij}(\boldsymbol{x},\xi) = -\frac{1}{4\pi(1-\nu)r}\{\frac{dr}{dn}[(1-2\nu)\delta_{ij} + \frac{2r_i r_j}{r^2}] + (1-2\nu)(\frac{r_j}{r}n_i - \frac{r_i}{r}n_j)\}, \quad (4.6)$$

$$\sigma^*_{ij\alpha}(\boldsymbol{x},\xi) = -\frac{1}{4\pi(1-\nu)r}[(1-2\nu)(-\frac{r_i}{r}\delta_{j\alpha} + \frac{r_j}{r}\delta_{i\alpha} + \frac{r_\alpha}{r}\delta_{ij}) + \frac{2r_i r_j r_\alpha}{r^3}],$$

gdzie jest numer Poissona, ν G jest moduł ścinania, $r_i = x_i - \xi_i, r^2 = r_1^2 + r_2^2$ i $\boldsymbol{n} = \{n_1, n_2\}$ jest jednostką na zewnątrz normalną.

Rozwiązanie problemu elastyczności w każdym elemencie sześciokątnym Ω_k jest realizowane poprzez najprostsze przybliżenie. Pozycjonowanie DOF-ów może odbywać się albo w środku odcięć granicznych (równomierny rozkład przemieszczeń i naprężeń - trakcji), albo w wierzchołkach sześciokątów - wtedy rozkład przemieszczeń granicznych i trakcji jest liniowy. Bez utraty ogólnikowości, przy założeniu równomiernego rozkładu wielkości granicznych (przemieszczeń $u_i(\boldsymbol{x},t)$ i trakcji $u_i(\boldsymbol{x},t)$, i = 1, 2), oraz objętościowych sił masowych, jak również $b_i(\boldsymbol{x},t)$ równomiernie rozłożonych naprężeń własnych $\mu_{i\alpha}(\boldsymbol{x},t)$ w domenie Ω_k . Należy zauważyć, że eigenparametry są tu sformułowane jako zmiana temperatury; oznacza to, że nie są brane pod uwagę żadne składniki powodujące ścinanie.

W niniejszym tekście zastosowano wzór (4.5), tzn. zastosowano jednolity rozkład przemieszczeń granicznych i trakcji, a we wszystkich przykładach utworzono regularne oczka. Należy zauważyć, że jeżeli założymy równomierny rozkład eigenparametrów wewnątrz cząstek, to całki jąder należące do eigenparametrów w (4.5) mogą być łatwo obliczone przy użyciu "tak zwanych" sił Eshelby'ego. Ponieważ uważamy, że cząstka jest wystarczająco mała, trzecia całka w (4.5) może być zastąpiona przez wypadkową sił grawitacyjnych. Znając postać ziaren i zastępując przybliżenia przemieszczeń granicznych i trakcji, dla masy objętościowej i matrycy szczepów własnych, otrzymujemy następujące równania:

$$\boldsymbol{Au} = \boldsymbol{Bp} + \boldsymbol{\mu} + \boldsymbol{b}, , \boldsymbol{Ku} = \boldsymbol{p} + \boldsymbol{M} + \boldsymbol{V} \;, \boldsymbol{K} = \boldsymbol{B}^{-1}\boldsymbol{A}\; \boldsymbol{M} = \boldsymbol{B}^{-1}\boldsymbol{\mu} \;, \boldsymbol{V} = \boldsymbol{B}^{-1}\boldsymbol{b}, \quad (4.7)$$

gdzie i $\boldsymbol{A}, \boldsymbol{B}$ $\boldsymbol{K}$ są kwadratowymi matrycami (12*12), $\boldsymbol{u}$ jest wektorem przybliżenia przemieszczeń w punktach węzłowych, $\boldsymbol{p}$ jest wektorem trakcji, $\boldsymbol{\mu}$ $\boldsymbol{M}$ $\boldsymbol{b}$ $\boldsymbol{V}$ oraz jest wektorem wpływu ciężaru objętościowego. W związku z tym, że pary własne i masa objętościowa są skoncentrowane w środku ciężkości sześciokąta, zostaną one rozłożone na środki odciętych krawędzi przez wartość

$\frac{1}{6}b_i$ i tak samo dla parametrów własnych. Przemieszczenia $\boldsymbol{u}$, trakcje $\boldsymbol{p}$, i $\boldsymbol{M}$ $\boldsymbol{V}$ są wektorami (1*12). Zauważ, że matryca $\boldsymbol{K}$ odgrywa rolę matrycy sztywności w elementach skończonych, ale tutaj jest niesymetryczna i pełna (nie pasmowa), ale skąpa i w większości zależy od znacznie mniej niewiadomych. Przejście z pierwszej relacji (4.7) do drugiej jest możliwe dzięki temu, że matryca $\boldsymbol{B}$ jest regularna, a więc odwracalna.

W następnym celu należy wpisać równanie macierzowe (4.7), drugie równanie jako:

$$\begin{bmatrix} \boldsymbol{K}_{11} & \boldsymbol{K}_{12} \\ \boldsymbol{K}_{21} & \boldsymbol{K}_{22} \end{bmatrix} \begin{pmatrix} \boldsymbol{u}_1 \\ \boldsymbol{u}_2 \end{pmatrix} = \begin{pmatrix} \boldsymbol{F}_1 \\ \boldsymbol{F}_2 \end{pmatrix} + \begin{pmatrix} \boldsymbol{V}_1 \\ \boldsymbol{V}_2 \end{pmatrix} \tag{4.8}$$

Indeks i oznacza liczbę wierszy, a indeks j oznacza liczbę nachyleń w powyższym zapisie macierzy. $\boldsymbol{K}_{ij}, i, j = 1{,}2$ są to macierze (6 x 6), a pozostałe wielkości w (4.8) są wektorami (6 x 1). Podskrypt 1 oznacza ilości w x_1 kierunku -, a indeks 2 opisuje ilości w kierunku -. x_2

Na rys. 4.3 pokazano różne kształty zdeformowanych elementów. Kształt jest zgodny z jednolitym przybliżeniem przemieszczeń i trakcji wzdłuż elementów granicznych, co oznacza, że nie mogą pojawić się żadne odkształcenia krawędzi sześciokątów. W drugim przypadku na tym rysunku nawet elementy mogą stracić wypukłość w stanie odkształconym. Ten przypadek nie ma wpływu na rozwiązywanie i unikalność problemu.

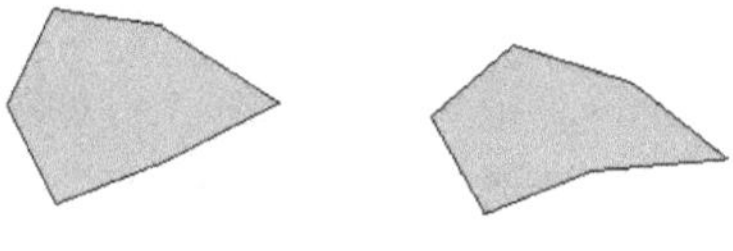

Rys. 4.3: Odkształcone kształty sześciokątów z powodu wybranego przybliżenia

4.3 *Ogólne właściwości systemu: wersja statyczna*

W tym rozdziale znajduje się pomysł na modelowanie struktury przy użyciu powyższych zależności pochodnych. Konstrukcja jest modelowana w wersji statycznej za pomocą wolnych sześciokątów w 2D. Sześciokąty są połączone za pomocą sprężyn, które odnoszą się do trakcji i odpowiednich różnic przemieszczeń w kierunku sprężyn.

W celu przygotowania modelu do rozszerzenia na nieliniowe zachowanie układu sześciokątów, piszemy regułę sprężynową jako,

$$p_{\mathrm{n}} = k_{\mathrm{n}}[\boldsymbol{u}]_{\mathrm{n}} + \lambda_{\mathrm{n}}, p_{\mathrm{t}} = k_{\mathrm{t}}[\boldsymbol{u}]_{\mathrm{t}} + \lambda_{\mathrm{t}}$$

lub podobnie (4.9)

$$p_{\mathrm{n}} = k_{\mathrm{n}}([\boldsymbol{u}]_{\mathrm{n}} - \mu_{\mathrm{n}})\ p_{\mathrm{t}} = k_{\mathrm{t}}([\boldsymbol{u}]_{\mathrm{t}} - \mu_{\mathrm{t}}),$$

gdzie i λ μ są eigenparametry. Inną możliwością jest rezygnacja z eigenparametrów i nałożenie nieliniowych warunków na sprężyny.

$$p_{\mathrm{n}}^2 + 4p_{\mathrm{t}}^2 \le k_0^2,$$

lub w zakresie skoków w przesunięciach

$$(k_{\mathrm{n}}[\boldsymbol{u}]_{\mathrm{n}})^2 + 4(k_{\mathrm{t}}[\boldsymbol{u}]_{\mathrm{t}})^2 \le k_0\ k_{\mathrm{n}} = k_{\mathrm{n0}}(1 + [\boldsymbol{u}]_{\mathrm{n}})^s,,$$

gdzie k_0, i k_{n0} s są podane stałe materiałowe. Eigenparametry umożliwiają uzyskanie jednej większej skali praw fizycznych, które mogą być wykorzystane w modelach materiałowych. Dlatego też są one najczęściej uwzględniane w modelach mechanicznych.

Połóżmy teraz nasz wysiłek na równania opisujące niezbędną relację między sześciokątami. Aby połączyć kierunki sprężyn w kierunku normalnym i stycznym z granicą cząstek z globalnym $0x_1x_2$ układem współrzędnych, musimy obrócić te kierunki do kierunków osi współrzędnych. W naszym przypadku równowaga statyczna musi być zachowana na każdym sześcioboku, a ponadto na odciętych stykowych pomiędzy sąsiednimi sześciobokami. Ruch w całkowitym układzie współrzędnych każdego sześciokąta opisany jest przez dwa układy przesunięć $\boldsymbol{u}_1$ $\boldsymbol{u}_2$ i obrót φ . Siły skoncentrowane wzdłuż jednej odciętych stykowych sąsiednich sześciokątów są zgodne z warunkami kontaktu, które mogą być zgodne z pewną nieliniową zasadą.

Miejmy zestaw sześciokątów opisujących ośrodek nieciągły umieszczony w układzie współrzędnych 0xy. W punktach styku (punktach węzłowych) wprowadza się sprężyny w kierunku stycznym i normalnym, które posiadają sztywność k_t w kierunku stycznym do granicy sześciokąta oraz w k_n kierunku normalnym do granicy w punkcie węzłowym styku łączącym dwa sąsiadujące sześciokąty. Takie połączenie jest opisane bardziej szczegółowo na rys. 4.6 dla trzech sześciokątów stykających się ze sobą. Na rys. 4.4 pokazano $F_i^j, i = 1,2,3, j = x, y$ siły zewnętrzne (ciężar objętościowy) oraz reakcje na granicy zewnętrznej i A H_A są one widoczne (lewy obrazek) oraz siły nacisku w stanie normalnym $N_{ik} = N_{ki}$ i stycznym $Q_{ik} = Q_{ki}$, $i,k = 1,2,3$ kierunki (prawy obrazek).

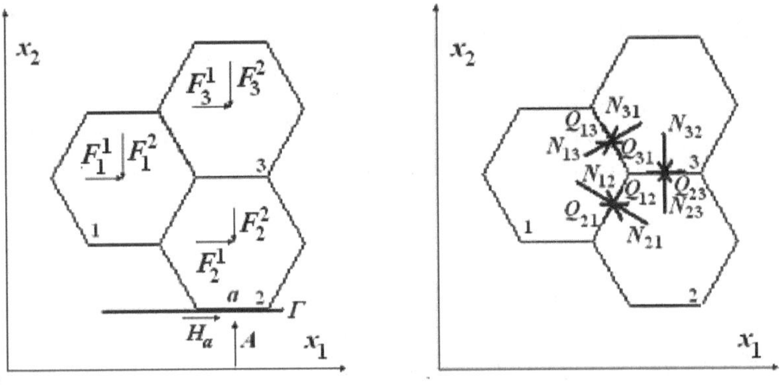

Rys. 4.4: Siły w i pomiędzy sześciobokami.

Pierwszy indeks oznacza numer bieżącego dysku, a drugi - numer sąsiedniego sześciokąta. Zapis ten został zachowany w poniższym tekście. Głównym celem jest sformułowanie równań równowagi w każdym sześcioboku i na tej $j_k \equiv k$ podstawie określenie przemieszczeń i obrotów każdego sześciokąta. Połączenie z przyległym sześciokątem jest tworzone przez wielkości z indeksami i (element bieżący) i k (element przyległy). W sensie (4.9), równania fizyczne w każdym punkcie węzłowym są sformułowane jako:

$$\begin{pmatrix} N_{ik} \\ Q_{ik} \end{pmatrix} = \begin{bmatrix} k_n^{ik} & 0 \\ 0 & k_t^{ik} \end{bmatrix} \begin{pmatrix} [\boldsymbol{u}]_{\mathrm{n}}^{ik} \\ [\boldsymbol{u}]_{\mathrm{t}}^{ik} \end{pmatrix} + \begin{pmatrix} \lambda_{\mathrm{n}}^{ik} \\ \lambda_{\mathrm{t}}^{ik} \end{pmatrix} \quad k = 1,\ldots,6 \qquad (4.10)$$

gdzie $[\boldsymbol{u}]_{\mathrm{n}}^{ik} = u_{\mathrm{n}}^{ki} - u_{\mathrm{n}}^{ik}, [\boldsymbol{u}]_{\mathrm{t}}^{ik} = u_{\mathrm{t}}^{ki} - u_{\mathrm{t}}^{ki}$ są różnice odpowiednio normalnych i stycznych przemieszczeń sąsiednich elementów. Znaki norm jednostek zewnętrznych do granicy elementu są zgodne z i układem przeciwbieżnym dla kierunków stycznych i $\lambda_{\mathrm{n}}^{ik}$ $\lambda_{\mathrm{t}}^{ik}$ są eigenstresami sprężyn.

Normalna do granicy interfejsu między elementami i i j_k jest odchylona o x_1 α_{ik}. Następnie zapisywana jest $0x_1x_2$ transformacja trakcji z systemu lokalnego $0nt$ do globalnego (początek 0 pozostaje taki sam dla obu systemów):

$$\begin{pmatrix} N_1^{ik} \\ N_2^{ik} \end{pmatrix} \begin{bmatrix} \cos\alpha_{ik} & -\sin\alpha_{ik} \\ \sin\alpha_{ik} & \cos\alpha_{ik} \end{bmatrix} \begin{pmatrix} N_{ik} \\ Q_{ik} \end{pmatrix} = \boldsymbol{T}^{\mathrm{T}} \begin{pmatrix} N_{ik} \\ Q_{ik} \end{pmatrix} \tag{4.11}$$

N_1^{ik}, N_2^{ik} gdzie znajdują się odpowiednio siły i x_1 x_2 kierunki, $\boldsymbol{T}$ to matryca transformacji i indeks górny T oznacza transpozycję. Przypomnij sobie, że to $\boldsymbol{T}$ jest jednostkowe, to znaczy, że $\boldsymbol{T}^{-1} = \boldsymbol{T}^{\mathrm{T}}$. Dla przemieszczeń podobnie trzyma

$$\begin{pmatrix} [\boldsymbol{u}]_n^{ik} \\ [\boldsymbol{u}]_t^{ik} \end{pmatrix} = \boldsymbol{T} \begin{pmatrix} [\boldsymbol{u}]_1^{ik} \\ [\boldsymbol{u}]_2^{ik} \end{pmatrix} \tag{4.12}$$

Ponieważ te same równania dotyczą trakcji i przemieszczeń, poniższa zależność siła-przemieszczenie obowiązuje jako:

$$\begin{pmatrix} N^{ik} \\ Q^{ik} \end{pmatrix} = T_{ki} \begin{bmatrix} k_n^{ik} & 0 \\ 0 & k_t^{ik} \end{bmatrix} T_{ik} \begin{pmatrix} [\boldsymbol{u}]_1^{ik} \\ [\boldsymbol{u}]_2^{ik} \end{pmatrix} = \begin{bmatrix} k_{11}^{ik} & k_{12}^{ik} \\ k_{21}^{ik} & k_{22}^{ik} \end{bmatrix} \begin{pmatrix} [\boldsymbol{u}]_1^{ik} \\ [\boldsymbol{u}]_2^{ik} \end{pmatrix} \tag{4.13}$$

gdzie

$$\begin{gathered} k_{11}^{ik} = k_{\mathrm{n}}^{ik} \cos^2\alpha_{ik} + k_{\mathrm{t}}^{ik} \sin^2\alpha_{ik}; \qquad k_{22}^{ik} = k_{\mathrm{t}}^{ik} \cos^2\alpha_{ik} + k_{\mathrm{n}}^{ik} \sin^2\alpha_{ik}; \\ k_{12}^{ik} = k_{21}^{ik} = \frac{1}{2}(k_{\mathrm{n}}^{ik} - k_{\mathrm{t}}^{ik}) \sin 2\alpha_{ik}; \\ \lambda_1^i = \lambda_{\mathrm{n}}^{ik} \cos\alpha_{ik} - \lambda_{\mathrm{t}}^{ik} \sin\alpha_{ik}; \qquad \lambda_2^i = \lambda_{\mathrm{n}}^{ik} \sin\alpha_{ik} + \lambda_{\mathrm{t}}^{ik} \cos\alpha_{ik} \end{gathered} \tag{4.14}$$

Gdyby nie uwzględniono obrotów, powyższe wzory byłyby ważne bez poprawek, a obliczenia mogą rozpocząć się od (4.13). Dla każdego sześciokąta dwanaście stopni swobody w 2D (dwa niezależne wektory przemieszczeń (6 x 1) w kierunkach x - i y - są nieznane), oraz trzy DOF w 3D (trzy niezależne wektory przemieszczeń znajdują się w kierunkach x -, y - i z). W przypadku dopuszczalnych obrotów sześciokątów wokół środka ciężkości sześciokąta, należy wprowadzić dodatkowe nieznane kąty φ opisujące obroty sześciokątów.

5 TWARDY KONTAKT - ALGORYTM UZAWAS

Wiele dokumentów dotyczyło problemu kontaktu dwóch lub więcej elastycznych ciał. W inżynierii lądowej i podziemnej przenoszenie naprężeń sprężystych z jednego korpusu na drugi koncentruje się głównie na problemach z bardzo małymi korpusami, które tworzą pokrywę konkretnej dziedziny określającej konstrukcję. W wielu pracach teoretycznych przyjmuje się założenie, że niewielka objętość ciał elementarnych jest we wzajemnym kontakcie. Pozwala to matematykowi udowodnić lematy i twierdzenia dotyczące zbieżności, unikalności i rozwiązywalności ogólnie nieliniowych problemów dotyczących kontaktów ciał elastycznych. Należy zwrócić uwagę, że kontakt dwóch lub więcej ciał może zastąpić proces usuwania izolacji w konstrukcji; może on również obejmować proces usuwania izolacji, rozprzestrzenianie się pęknięć, uszkodzenia konstrukcji itp. W przypadku braku wiedzy o lokalizacji pęknięć, nie mówiąc o wiedzy o inicjacji pęknięć, bardzo ważną rolę odgrywają odrębne elementy.

Odkostnianie może być powodowane przez różne wpływy fizyczne. Po pierwsze, żadne napięcie na interfejsie nie może pociągać za sobą sformułowania problemu. Oznacza to, że trakcja w kierunku połączeń między środkami obu ciał nie może być dodatnia (dodatnie oznacza tu i w całym tekście rozciąganie, a ujemne ściskanie). Co więcej, podane jest pewne dopuszczalne dodatnie naprężenie w kierunku normalnym, a obliczona trakcja może osiągnąć tylko te wartości, które są mniejsze lub równe zalecanej wytrzymałości na rozciąganie. Następnie, jeśli istnieje wiązanie w normalnym kierunku, a siła wiązania ścinającego nie jest osiągnięta, pełna więź jest zapewniona. Następnie, jeśli normalna trakcja jest mniejsza lub równa wytrzymałości na rozciąganie, można zastosować pewne prawa tarcia, takie jak Coulomb, Mohr-Coulomb lub kryterium Hoek-Brown i wiele innych. Parametry uszkodzeń są obliczane i dostosowywane do sytuacji podanej przez wybrane kryteria.

Problem debodowania wewnątrz konstrukcji spełniający niektóre z powyższych kryteriów musi być obliczany jako trójwymiarowy, tak aby najbardziej precyzyjne wyniki można było uzyskać z bardzo precyzyjnych modeli numerycznych. W tym rozdziale postuluje się sformułowania dwu- lub trójwymiarowe oraz omawia się różne styki, oparte na metodzie elementów brzegowych nieciągłych, polegającej na wykorzystaniu metody wolnych sześciokątów i elementów prostokątnych lub ceglanych - cząstek. Bardzo szybki algorytm jest używany dla ogólnie nieliniowych problemów z kontaktem. W celu uzyskania wyników porównywalnych z doświadczeniami praktycznymi, analizowane są niektóre typowe przykłady.

Na kolejnym rysunku, rys. 5.1, objaśnienie geometrii i oznaczeń przedstawiono na przykładzie sześciokątów w zamkniętej okolicy. Zauważ, że ten przypadek ułożenia cząstek w ramach nieciągłych elementów brzegowych można uznać za typowy przykład problemu kontaktu, który można uogólnić do prostokątów, cegieł i elementów krzywoliniowych, patrz koniec tej książki.

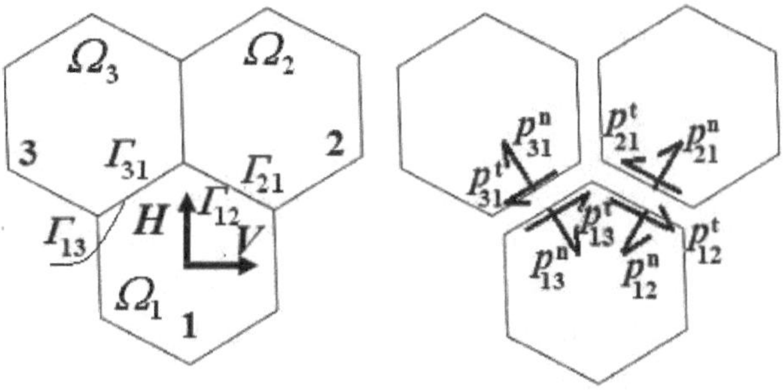

Rys. 5.1: Geometria i oznaczenie sąsiadujących cząstek.

Na zdjęciu widoczne są $\Gamma_{ij}, i.j = 1,...,3$ granice Ω_i Ω_j z sąsiednimi, czyli jest to granica międzyfazowa w odniesieniu do Ω_i.

Uszkodzenie struktury rozpoczyna się od od odkostnienia, które jest modelowane przez problemy stykowe jednej, aktualnie wybranej cząstki z sąsiednimi cząstkami. Problem kontaktu został sformułowany w formie twierdzenia "minimax", przy użyciu algorytmu Uzawa jako narzędzia numerycznego, [52-55]. Sformułowanie problemu kontaktowego z tarciem Mohr-Coulomba zostało wprowadzone w [30] i [55], ale wskazano, że dowód na rozwiązywanie problemu próbnego został przedstawiony przez autorów [56] tylko dla nieskończonego paska w 2D; bardziej ogólna dziedzina nie została jeszcze teoretycznie potraktowana.

W tym rozdziale, algorytm Uzawa jest używany dla problemu kontaktu bez dowodu na jego rozwiązywanie i unikalność. Aby uprościć teorię, nawiązuje się do odniesień związanych z problemami omówionymi w tym rozdziale. Głównym celem tego rozdziału jest pokazanie zachowania się problemu kontaktu wewnątrz całej struktury w związku z zaproponowaną procedurą numeryczną. Problem kontaktu jest rozszerzony na wiele lokalnych problemów z kontaktem, aby osiągnąć odkrycie uszkodzenia konstrukcji.

Decydująca idea problemu uszkodzeń struktur polega na określonym schemacie procesu iteracji. Na rys. 5.1. trzy sześciokąty, bez utraty ogólnikowości, uważane są za mające ten sam kształt, widoczne są w stanie niezdeformowanym. Cząsteczki 2 i 3 są stałe, nie poruszają się w bieżącym kroku iteracji, lecz na granicy międzyfazowej i Γ_{12} Γ_{13}. W tym kroku iteracji stałe są również trzy pozostałe przyległe elementy.

5.1 *Sformułowanie problemu*

Zaczynamy od badania dwóch elastycznych ciał, które oddziałują na siebie nawzajem. Dla uproszczenia, omówiony zostanie problem 2D. Geometrię trzech sześciokątów we wzajemnym kontakcie przedstawiono na rys. 5.1. Pierwsze ciało zajmuje w stanie niezdeformowanym domenę in Ω_1, a pozostałe dwie domeny i Ω_2 Ω_3. Oba organy znajdują się w kartezjańskim układzie współrzędnych $0x_1x_2$. Można wziąć pod uwagę kilka przypadków warunków kontaktu. Ogólnie rzecz biorąc, zakłada się, że rozciąganie w normalnym kierunku przez cały czas trwania połączenia między ciałami jest albo w ogóle niedopuszczalne, albo nie może przekraczać dopuszczalnej wartości wytrzymałości na rozciąganie, tak że oba ciała mogą utracić kontakt na wspólnej granicy Γ. Inny model dopuszcza przesuwanie się na interfejsie, co jest opisane przez kilka praw. W niektórych gazetach stosowane są τ_b prawa Mohra-Coulomba lub Hoek-Browna, lub prawa "ograniczonego przemieszczania się". W tym rozdziale ograniczamy naszą uwagę do praw Coulomba i Mohr-Coulomba i porównujemy wyniki. Obciążenie całej konstrukcji jest reprezentowane przez równomiernie rozłożone siły pochodzące z nadkładu systemu podziemnego. Co więcej, siły bezwładności D'Alemberta będą działać wewnątrz każdego elementu, które znajdują się w środku cząstek. Może istnieć również niewymuszone obciążenie w postaci eigenparametrów, reprezentujące zmianę temperatury, wybuch gazu i ewentualnie nieliniowe zmiany materiału. To ostatnie nie będzie brane pod uwagę w przykładach.

Przybliżenia przemieszczeń krawędziowych na każdym odcięciu krawędziowym każdej cząstki są liniowe; oznacza to, że po odkształceniu granice pozostają ciągłe. Na Rys. 5.1, domeny i Ω_2 Ω_3 są ustalone w bieżącym kroku iteracji, tylko ruch punktów węzłowych w i Γ_{12} Γ_{13} jest dopuszczalny. Ze względu na ciągłość przesunięć również odpowiedni punkt węzłowy przyległych odciętych granic jest wspólny i Γ_{12} Γ_{13} może się przesuwać.

Przemieszczenia są opisane przez funkcję wektorową $\boldsymbol{u} = \{u_1, u_2\}$ zmiennej $\boldsymbol{x} = \{x_1, x_2\}$, $u_i \equiv u_i(\boldsymbol{x})$ jest składową wektora przemieszczenia w punkcie $\boldsymbol{x}$ w kierunku x_i osi -. Ograniczenie jakichkolwiek funkcji do lub Ω_1 Ω_2 jest oznaczane, odpowiednio, przez indeks górny 1 lub 2, np. i $\boldsymbol{u} / \Omega_1 = \boldsymbol{u}^1$ $\boldsymbol{u} / \Omega_2 = \boldsymbol{u}^2$.

5.2 *Teoretyczna podstawa kontaktu dwóch elastycznych ciał*

Celem tej sekcji jest zbadanie problemu Fischer-Signorini z teoretycznego punktu widzenia, który odpowiada prawu Coulomba. Warunki Coulomba są traktowane w wielu pracach, zarówno matematycznie jak i praktycznie. Warunki Mohr-Coulomba są nieco bardziej złożone, ale również bardziej skomplikowane z teoretycznego punktu widzenia. Z drugiej strony, jeśli weźmie się pod uwagę obciążenie dynamiczne i w konsekwencji równowagę dynamiczną, zalecane jest dokładniejsze kryterium Hoek-Browna, które wprawdzie wprowadza silnie nieliniowe zależności do problemu styku, ale wydaje się być nieco prostsze w badaniach teoretycznych.

Niech i $\Omega_1 \subset \Re^2$ $\Omega_2 \subset \Re^2$ będzie to para powiązanych ze sobą domen (dwa sześciokąty), które są w potencjalnym kontakcie, patrz rys. 5.2. Domeny i Ω_1 Ω_2 są zlokalizowane w lokalnym układzie współrzędnych $0x_n x_t$. Reprezentują one liniowo elastyczne ciała, które są otoczone przez przyległe sześciokątne domeny. Granice, które są oznaczone przez podlegają warunkom brzegowym Γ_u Dirichlet, a warunki Neumanna są podane na Γ_p (części granicy Ω_1). Warunki międzyfazowe są określone wzdłuż kontaktu Γ . Powyższe granice są nienakładającymi się na siebie odcięciami granicznymi.

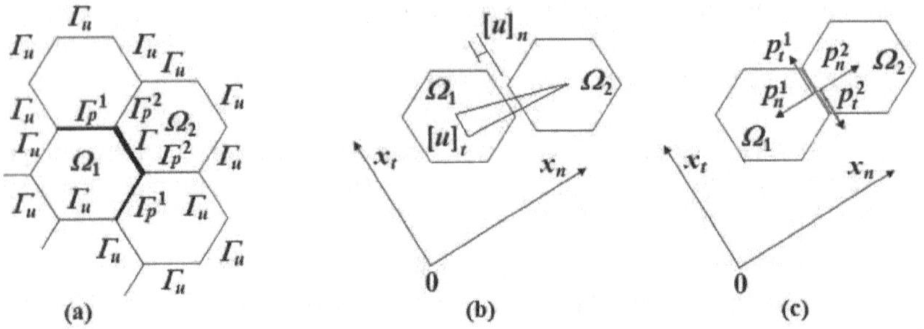

Rys. 5.2. Geometria i oznaczenie: a) osadzenie obecnej cząstki Ω_1 w sąsiadujących elementach, b) przeskok w przesunięciach, c) trakcja kontaktu.

Wektory przemieszczeń $\boldsymbol{u}^1 = \{u_n^1, u_t^1\} \in H^1(\Omega_1)$ i spełniają $\boldsymbol{u}^2 = \{u_n^2, u_t^2\} \in H^2(\Omega_2)$ równania elastyczności:

$$\begin{array}{llll} -\operatorname{div} \boldsymbol{\sigma}^1(\boldsymbol{u}^1) = \boldsymbol{f}^1 & \text{in } \Omega_1 & -\operatorname{div} \boldsymbol{\sigma}^2(\boldsymbol{u}^2) = \boldsymbol{f}^2 & \text{in } \Omega_2 \\ \boldsymbol{\sigma}^1(\boldsymbol{u}^1) = \boldsymbol{L}^1\boldsymbol{\varepsilon}^1(\boldsymbol{u}^1) & \text{in } \Omega_1 & \boldsymbol{\sigma}^2(\boldsymbol{u}^2) = \boldsymbol{L}^2\boldsymbol{\varepsilon}^2(\boldsymbol{u}^2) & \text{in } \Omega_2 \\ \boldsymbol{\sigma}^1(\boldsymbol{u}^1)\boldsymbol{n}^1 = \boldsymbol{p}^1 & \text{on } \Gamma_p^1 & \boldsymbol{\sigma}^2(\boldsymbol{u}^2)\boldsymbol{n}^2 = \boldsymbol{p}^2 & \text{on } \Gamma_p^2 \end{array} \tag{5.1}$$

gdzie $\boldsymbol{\sigma}^i$, $\boldsymbol{\varepsilon}^i$, $\boldsymbol{L}^i$, $i = 1,2$, są to odpowiednio czujniki naprężenia, czujniki naprężenia liniowego, wszystkie drugiego stopnia oraz czujniki sprężystości liniowej o sztywności materiału czwartego stopnia, spełniające zwykłe warunki symetrii i koercji. Trakcja oznaczana jest jako $\boldsymbol{p}^1 = \{p_n^1, p_t^1\}, \boldsymbol{p}^2 = \{p_n^2, p_t^2\}$ zewnętrzna jednostka normalna w odniesieniu $\boldsymbol{n}^1 \perp \Gamma$ do i Ω_1 $\boldsymbol{n}^2 \perp \Gamma$ w celu Ω_2 umożliwienia nam określenia projekcji przemieszczeń i trakcji w kierunku normalnym i stycznym na Γ:

$$\begin{array}{ll} u_n^i = \boldsymbol{u}^i.\boldsymbol{n}^i, & u_t^i = \boldsymbol{u}^i - u_n^i.\boldsymbol{n}^i \\ p_n^i = \boldsymbol{p}^i\boldsymbol{n}^i, & p_t^i = \boldsymbol{p}^i - p_n^i\boldsymbol{n} \end{array} \tag{5.2}$$

Jako modelowy przykład zaczynamy stosować definicję problemu tarcia Coulomba. Widzimy, że kontakt jest zgodny z Γ C^1-regularnością.

Przed przystąpieniem do definiowania problemu fikcji Coulomba należy przypomnieć o następujących relacjach zgodności i równowagi:

$\boldsymbol{u}^1 = \boldsymbol{u}^2 = \boldsymbol{u}$ w dniu (5 . 3 $\boldsymbol{p}^1 = -\boldsymbol{p}^2 = \boldsymbol{p}$ Γ)

oraz (5.2) i (5.3) zachowuje ważność, tak więc dodatkowe warunki do (5.1) są podane w dniu Γ

$$[\boldsymbol{u}]_n \leq 0, \qquad p_n \leq p_n^0, \qquad (p_n^0 - p_n)[\boldsymbol{u}]_n = 0 \quad (5.4)$$

gdzie $[\boldsymbol{u}]_n = u_n^2 - u_n^1$, patrz rys. 2(b). Od (5.4) trakcja pracuje na różnicach przemieszczeń międzyfazowych. Warto zauważyć, że zgodność i relacje równowagi (5.3) oraz warunki Fischera-Signorini w normalnym kierunku (5.4) są ważne we wszystkich problemach, które omówimy w tej książce.

5.2.1 *Coulombowe tarcie*

Let $\Im = \tan\varphi$, gdzie $\Im$ jest nazywany współczynnikiem tarcia i φ jest to kąt fikcji wewnętrznej. Warunki tarcia Coulomb'a są pozycjami dla kierunku stycznego i są wymienione jako

Jeśli wtedy $[\boldsymbol{u}]_t = 0 \mid p_t \mid \leq -\Im p_n$

jeśli wtedy (5 . $5[\boldsymbol{u}]_t \neq 0 \; p_t = -\Im p_n \operatorname{sgn} u_t$)

Teraz przejdziemy do dobrze znanego, słabego sformułowania Duvant'a i Lions'a, [57]. Sformułowania te są pomocne w zrozumieniu uogólnienia warunków kontaktu w kierunku ścinania. Po pierwsze, przedstawiamy:

$$V = \{\boldsymbol{u}; \boldsymbol{u}^1 \in H^1(\Omega_1), \boldsymbol{u}^2 \in H^1(\Omega_2); \boldsymbol{u}^1 = 0 \text{ on } \Gamma_u^1, \boldsymbol{u}_u^2 = 0 \text{ on } \Gamma_u^2\}$$

$$S_n = \{[\boldsymbol{u}]_n \text{ on } \Gamma; \boldsymbol{u} \in V\} \; S_t = \{[\boldsymbol{u}]_t \text{ on } \Gamma; \boldsymbol{u} \in V\}, \quad , \quad S = S_n \times S_t$$

Co więcej, oznaczają przez V^*, S_n^*, S_t^*, i S^* ich topologicznych podwójnych przestrzeni. Następnie zdefiniuj formę dwuliniową

$$a(\boldsymbol{u}, \boldsymbol{v}) = \int_{\Omega_1} \boldsymbol{\sigma} : \boldsymbol{\varepsilon} \, d\Omega_1 + \int_{\Omega_2} \boldsymbol{\sigma} : \boldsymbol{\varepsilon} \, d\Omega_2$$

$$l(\boldsymbol{v}) = \int_{\Omega_1} \boldsymbol{f}^1 . \boldsymbol{v}^1 \, d\Omega_1 + \int_{\Omega_2} \boldsymbol{f}^2 . \boldsymbol{v}^2 \, d\Omega_2 + \int_{\Gamma} p_n . [\boldsymbol{v}]_n \, d\Gamma$$

$$K = \{\boldsymbol{v} \in V; [\boldsymbol{v}]_n \leq 0 \text{ on } \Gamma\}$$

$$j(p_n, [\boldsymbol{v}]_t) = -\int_{\Gamma} \Im p_n [\boldsymbol{v}]_t \, d\Gamma, \quad p_n \in S_n^*, \boldsymbol{v}_t \in S_n$$

$a(.,.)$ jest dwuliniową, symetryczną, ciągłą formą przymusu na, $V \times V$ tj.

$\exists \alpha, C > 0; a(u,u) \geq \alpha \| \boldsymbol{u} \|_V^2, a(u,v) \leq C \| \boldsymbol{u} \|_V \| \boldsymbol{v} \|_V$,

$l(.)$ jest liniową formą ciągłą na V, tj. $\exists C_0 > 0, l(\boldsymbol{u}) \leq C_0 \| \boldsymbol{u} \|_V$,
$\Im$ jest stałą nieujemną funkcją Lipschitza na Γ.
$\boldsymbol{f}^1, \boldsymbol{f}^2$ Są to odpowiednio wagi objętościowe na i. Ω_1 Ω_2

Problem (5.1), (5.4-5.5) można formalnie zidentyfikować w słabym sformułowaniu nierówności:

Znajdź takie jak $u \in K$

$$a(\boldsymbol{u}, \boldsymbol{v} - \boldsymbol{u}) + j(p_n, v_t) - j(p_n, u_t) \geq l(\boldsymbol{v} - \boldsymbol{u}) \qquad \forall \boldsymbol{v} \in K \tag{5.6}$$

Poprzednie sformułowanie jest uogólnieniem problemu jednostronnego kontaktu z Coulombowskim stanem tarcia na Γ. W literaturze przedmiotu zwraca się uwagę na to, że nierówność (5.6) nie jest zróżnicowana, ponieważ opcja ta nie prowadzi do optymalizacji. Wynika z tego, że unikalność rozwiązania nie została do tej pory udowodniona dla ciągłego problemu, nawet jeśli tarcie jest niewielkie. Istnienie zostało zweryfikowane dla bardzo małego współczynnika tarcia w [56].

Wprowadzenie i $p_n \in S_n^*$ $p_t \in S_t^*$, równowaga elastycznego ciała może być zapisana w następujący sposób

$$a(\boldsymbol{u}, \boldsymbol{v}) = l(\boldsymbol{v}) + \int_\Gamma p_n [\boldsymbol{u}]_n \, \mathrm{d}\Gamma + \int_\Gamma p_t [\boldsymbol{u}]_t \, \mathrm{d}\Gamma$$

$$\forall \boldsymbol{v} \in V, v_n \in S_n \; v_t \in S_t, p_n \in S_n^*,, \quad p_t \in S_t^* \tag{5.7}$$

5.2.2 *Tarcie Mohr-Coulomba*

Podobny problem jak ten omówiony w poprzednim rozdziale można sformułować z ważnym uogólnieniem. Rys. 2 i poniższe założenia obowiązują do momentu, gdy do pomieszczenia włączone zostanie równanie (5.4), tj. prawo Fischera-Signorini w normalnym kierunku do interfejsu. Tarcie Γ Mohr-Coulomb'a rozszerza uprzednio zdefiniowane tarcie Coulomb'owskie.

Jeśli wtedy $[\boldsymbol{u}]_t = 0 \mid p_t \mid \leq \tau_b - \Im p_n$
jeśli wtedy (5 $[\boldsymbol{u}]_t \neq 0$ $p_t = (\tau_b - \Im p_n) \operatorname{sgn}[\boldsymbol{u}]_t$.
8)

gdzie jest τ_b siła wiązania ścinającego, która czasami nazywana jest spójnością (c), zależy to od zakresu zastosowań. Wydaje się, że wystarczy zmienić wyrażenie j na

$$j(p_n,[v]_t) = \int_{\Gamma} (\tau_b - \Im p_n)[v]_t \, d\Gamma \quad p_n \in S_n^*, v_t \in S_n, \quad , \qquad (5.9)$$

a równania (5.6) - (5.7) są nadal aktualne. Pojawia się pierwszy problem, który polega na tym, że w kierunku stycznym zaprzecza się fizycznemu charakterowi sformułowania, problem nie jest gładki i nie jest monotonny. Ze względu na znaczenie fizyczne, (5.8) musi być ulepszony jak:

jeśli wtedy $(5[u]_t \neq 0 \; p_t = -\Im p_n \kappa(p_n^+ - p_n)\mathrm{sgn}[u]_t$.
10)

gdzie κ jest funkcja Heaviside. Jest oczywiste, że ten ostatni stan nie jest łatwy do wyleczenia. Argumentem przemawiającym za tym stanem jest fakt, że po wystąpieniu kontaktu w normalnym kierunku (debond), oznacza to, że w tym przypadku, który p_n osiąga wartość p_n^+, trakcja ścinająca również zanika. Co więcej, w przypadku poślizgu ruch traci spójność. Postarajmy się wprowadzić jeszcze bardziej poprawne kryterium Hoek-Brown.

5.3 *Problem braku naprężeń, brak słyszenia*

Skoncentrujmy naszą uwagę na dwóch elementach, powiedzmy i Ω_1 Ω_2. Wolny sześciokąt, który może zmieniać przemieszczenia, to tylko ten określony przez Ω_1. Sformułujmy podstawowy warunek brzegowy na arbitralnej granicy styku sąsiednich cząstek w następujący sposób (warunki Fischera- Signorini):

$[u]_n^{12} \equiv u_n^1 - u_n^2 \leq 0$ a.e. w dniu (5. Γ_{12} 11)

Jeśli $[u]_n^{12} = 0$ wtedy również $[u]_t^{12} = u_t^1 - u_t^2 = 0$ a.e. on (5 . Γ_{12}
12)

gdzie i u_n u_t są rzuty przemieszczenia u w kierunku normalnym i stycznym na granicy Γ_{12}, która w tym przypadku jest w stanie równowagi z Γ_{21}.

Ostatnie warunki wymagają bardziej szczegółowej analizy. Najpierw, gdyby warunek (5.12) nie był przepisany, wtedy wzajemne przesuwanie się w kierunku stycznym obu domen wzdłuż interfejsu byłoby włączone. To zaprzecza prawdziwej idei kontaktu. Ponadto, w odniesieniu do rodzaju przybliżenia przemieszczenia (rozkład liniowy wzdłuż linii granicznej), należy zauważyć, że jeśli warunek (5.11) nie jest spełniony w jednym punkcie końcowym (punkt węzłowy), nie może być spełniony w drugim. Jeśli jest spełniony w jednym punkcie węzłowym, to jest również spełniony w drugim.

My oznaczamy

$$K \equiv \{ \boldsymbol{u} \in V;\ [\boldsymbol{u}]_n^{12} \equiv u_{\rm n}^1 - u_{\rm n}^2 \le 0\ \} \text{ a.e. on } \Gamma_{12}\ ,$$

gdzie V jest przestrzeń dopuszczalnych przesunięć granicznych. Zestaw K jest stożkiem dopuszczalnych przemieszczeń w odniesieniu do podstawowego stanu styku (5.11), (5.12).

Załóżmy, że rozdzielimy oba ciała, ale utrzymamy stan naprężenia i deformacji w ciałach. Następnie należy $\boldsymbol{s}^{12} \equiv (s_n^{12}, s_t^{12})$ wprowadzić wektor trakcji stykowej, aby odwzorować naprężenia wewnątrz (Ω_1 z granicą Γ_{12} , oraz trakcję w odniesieniu $s_{\rm n}^{12}, s_{\rm t}^{12}$ do Ω_1) i przedstawicieli (Ω_2 z granicą Γ_{21} , oraz trakcję $s_{\rm n}^{21}, s_{\rm t}^{21}$ w odniesieniu do Ω_2) , patrz rys. 5.2. Napiszmy energie obu ciał przyjmując je oddzielnie:

$$\Pi_1 = \frac{1}{2} a_1(\boldsymbol{u},\boldsymbol{u}) - \int_{\Omega_1} (\boldsymbol{\sigma}^1)^{\rm T} \boldsymbol{\mu}^1 \, {\rm d}\Omega_1 - \int_{\Gamma_{12}} s_{\rm n}^{12} [\boldsymbol{u}]_{\rm n}^{12} \, {\rm d}\gamma_{12} - \int_{\Gamma_{12}} s_{\rm t}^{12} [\boldsymbol{u}]_{\rm t}^{12} \, {\rm d}\gamma_{12}) \qquad (5.13)$$

$$\Pi_2 = \frac{1}{2} a_2(\boldsymbol{u},\boldsymbol{u}) - \int_{\Omega_2} (\boldsymbol{\sigma}^2)^{\rm T} \boldsymbol{\mu}^2 \, {\rm d}\Omega_2 - \int_{\Gamma_{21}} s_{\rm n}^{21} [\boldsymbol{u}]_{\rm n}^{21} \, {\rm d}\gamma_{21} - \int_{\Gamma_{21}} s_{\rm t}^{21} [\boldsymbol{u}]_{\rm t}^{21} \, {\rm d}\gamma_{21}) \qquad (5.14)$$

$$a_1(\boldsymbol{u},\boldsymbol{u}) = \int_{\Omega_1} (\boldsymbol{\sigma}^1)^{\rm T} \boldsymbol{\varepsilon}^1 \, {\rm d}\Omega_1$$

$$a_2(\boldsymbol{u},\boldsymbol{u}) = \int_{\Omega_2} (\boldsymbol{\sigma}^2)^{\rm T} \boldsymbol{\varepsilon}^2 \, {\rm d}\Omega_2$$

W ostatnich równaniach a_i są dwuliniowe formy (energie wewnętrzne), $\boldsymbol{\sigma}^i, \boldsymbol{\varepsilon}^i$ są naprężeniami i odkształceniami, odpowiednio, zdefiniowanymi w $\Omega^i, i = 1,...,3$, i $\boldsymbol{\mu}$ jest tensor napięcia własnego. Siły zewnętrzne nie są wprowadzane, jak uważamy, bez utraty ogólnikowości, że układ cząstek pokrywa wnętrze struktury.

Zwróć uwagę, że składniki tensorów są zapisane, jak zwykle, w postaci wektorów:

$\boldsymbol{\sigma} \equiv \{\sigma_{nn}, \sigma_{tt}, \sigma_{nt}\}^T \; \boldsymbol{\varepsilon} \equiv \{\varepsilon_{nn}, \varepsilon_{tt}, \varepsilon_{nt}\}^T$, (5.15)

Trakcja wzdłuż kontaktu musi być zgodna z równowagą pomiędzy działaniem a reakcją:

$\boldsymbol{s}^{12} + \boldsymbol{s}^{21} = 0$ tj. ($5\, \boldsymbol{s}^{12} = -\boldsymbol{s}^{21} = \boldsymbol{s}$ .16)

Ta ostatnia równowaga musi być spełniona w każdym przypadku; to znaczy, że nie zależy od zastosowanych kryteriów.
Całkowita energia systemu może być odlewana jako suma (5.13) i (5.14):

$$J(\boldsymbol{u}, \boldsymbol{s}) = \Pi(\boldsymbol{u}) - I(\boldsymbol{u}, \boldsymbol{s}) \tag{5.17}$$

gdzie

$$\Pi_1 = \frac{1}{2} a_1(\boldsymbol{u}, \boldsymbol{u}) - \int_{\Omega_1} (\boldsymbol{\sigma}^1)^T \boldsymbol{\mu}^1 \, d\Omega_1$$

$$\Pi_2 = \frac{1}{2} a_2(\boldsymbol{u}, \boldsymbol{u}) - \int_{\Omega_2} (\boldsymbol{\sigma}^2)^T \boldsymbol{\mu}^2 \, d\Omega_2$$

$$I(\boldsymbol{u}, \boldsymbol{s}) \int_{\Gamma_{12}} s_n [\boldsymbol{u}]_n^{12} \, d\gamma_{12} + \int_{\Gamma_{12}} s_t [\boldsymbol{u}]_t^{12} \, d\gamma_{12}$$

i wzięto pod uwagę stan równowagi (5.16).

Wprowadźmy przestrzeń dopuszczalnych trakcji w Γ_{12} obu kierunkach: s - i t -:

$S \equiv$ {y:i}jest czterostronnie integrowalna funkcja on Γ_{12};a$s_n^{12} \leq 0$.e. on Γ_{12}, $s_t^{12} = 0$ a.e. on $\Gamma_{12} - \Gamma_u^{12}$, gdzie Γ_u^{12}jest częścią (Γ_{12}5 .18)

gdzie pojawia się "przerwa" między oboma ciałami, tj. } $s_n^{12} = 0$.

Teraz możemy sformułować problem w postaci multiplikatorów Lagrange'a $\boldsymbol{s}$:
dla danego $\boldsymbol{\mu}$ znaleźć parę {u$\boldsymbol{\mu}$,*s}* taką, że i $\boldsymbol{u} \in V$ $\boldsymbol{s} \in S$

$J(\boldsymbol{u}, \boldsymbol{s}) \leq J(\boldsymbol{w}, \boldsymbol{s})$ dla wszystkich $\boldsymbol{w} \in V$

oraz (5.19)

$I(\boldsymbol{\eta}, \boldsymbol{u}) \leq I(\boldsymbol{s}, \boldsymbol{u})$ dla wszystkich $\boldsymbol{\eta} \in S$

Należy pamiętać, że jest to formuła "minimax". Trakcja reaktywna s jest multiplikatorem Lagrange'a. Pierwszy warunek (5.19) jest równoważny z

$D\Pi(\boldsymbol{u},\boldsymbol{d}) - I(\boldsymbol{s},\boldsymbol{d}) = 0$ dla wszystkich ($5\,\boldsymbol{d} \in V$ .20)

Forma bilinearna $D\Pi(\boldsymbol{u},\boldsymbol{d})$ jest pochodną funkcji Π w punkcie $\boldsymbol{u}$ $\boldsymbol{w}$ kierunku $\boldsymbol{d}$. Jeśli para rozwiązuje $\{\boldsymbol{u},\boldsymbol{s}\}$ (5.19), to pierwszy komponent $\boldsymbol{u}$ rozwiązuje następujący problem: znaleźć $\boldsymbol{u} \in K$ taki, że

$\Pi(\boldsymbol{u}) \le \Pi(\boldsymbol{w})$ dla wszystkich $\boldsymbol{w} \in K$

Ponadto, para rozwiązuje się (5. $\{\boldsymbol{u},\boldsymbol{s}\}$ 19) wtedy i tylko wtedy, gdy

$[u]_n^{12} \le 0 \; s_n^{12} \le 0 \; [\boldsymbol{u}]_n^{12} s_n^{12} = 0$, (5.21)

Problem ma unikalne rozwiązanie, patrz [57], aby uzyskać więcej szczegółów.

5.4 *Coulombowe tarcie*

Poprzednie sformułowanie można łatwo rozszerzyć na przypadek tarcia Coulomba, jak opisano w punkcie 5.2.1; w celu włączenia "sformułowania technicznego" do unikalnych ram, obecna definicja zostanie sformułowana poniżej. Należy pamiętać, że to samo zostanie zrobione w sekcji 5.4, w której zostaną wykorzystane wyniki sekcji 5.2.2.

Te same warunki brzegowe zostaną określone wzdłuż granic zewnętrznych wzdłuż interfejsu. Pierwszy warunek (5.19) będzie nadal ważny, ale drugi warunek (5.19) zostanie zastąpiony przez warunek dotyczący tarcia Coulomb'a w dniu Γ_{12}:

$|s_t^{12}| \le -s_n^{12} \tan\varphi$

jeżeli $|s_t^{12}| = -s_n^{12} \tan\varphi$ istnieje liczba dodatnia ω, taka że $[\boldsymbol{u}]_t^{12} = -\omega\, s_t^{12}$

(5.22)

gdzie $\tan\varphi$ jest rzeczywisty dodatni opisujący współczynnik tarcia wewnętrznego dla dwóch stykających się materiałów, φ to kąt tarcia wewnętrznego. Oznacza to, że dopóki w pewnym momencie interfejsu

Γ_{12} s_t^{12} trakcja ścinająca nie osiągnie wartości granicznej podanej przez pomnożenie jej s_n^{12} $\tan\varphi$ przez współczynnik tarcia Coulomba, nie wystąpi w tym momencie żadne poślizgnięcie. W przypadku osiągnięcia granicy, nastąpi poślizg w kierunku stycznym do granicy, Γ_{12} a jego kierunek będzie przeciwny do siły oddziaływania s_t^{12}. Warunki (5.12) mogą zostać przekształcone jako

$$|s_t^{12}| \leq -s_n^{12}\tan\varphi, \quad [\boldsymbol{u}]_t^{12}.s_t^{12} = 0, \quad |[\boldsymbol{u}]_t^{12}| \geq 0 \quad (5.23)$$

Warunki te są formalnie podobne do (5.10), tak więc mogą być traktowane jak warunki określone w poprzednim akapicie. Od formuły wariancyjnej [57], warunek równoważny do (5.12) posiada ($[\boldsymbol{u}]_t$ jest mnożnikiem Lagrange'a):

$$|s_t^{12}| \leq -s_n^{12}\tan\varphi$$

jeśli wtedy $|s_t^{12}| = -s_n^{12}\tan\varphi$ $s_t^{12} = -s_n^{12}\tan\varphi\,\mathrm{sgn}[\boldsymbol{u}]_t^{12}$ (5.24)

W tym przypadku definicja nie Γ_u^{12} jest już konieczna, ponieważ jeśli np. $[\boldsymbol{u}]_n^{12} \leq 0$ dalej $\Gamma_{12} - \Gamma_u^{12}$, to w odniesieniu do (5.8), $s_t^{12} < 0$ i od (5.12), $s_t^{12} = 0$ jest to dokładnie przypadek "luki" pomiędzy obiema domenami i Ω_1 Ω_2. Z drugiej strony, jeśli np. $[u]_t^{12} = 0$ on Γ_u, to wtedy (5.12) ma miejsce. Oznacza to, że warunki (5.11) i (5.12) mogą być stosowane jednocześnie w całości Γ_{12}.

Przedstawmy przestrzeń dopuszczalnych trakcji na Γ_{12} x_1 – obu x_2 – kierunkach:

$S \equiv \{$ $\boldsymbol{s}^{12} \leq \boldsymbol{0}$ jest kwadratowo integrowalną funkcją wektorową na Γ_{12};
$s_n^{12} \leq 0$ a.e. on Γ_{12}, $|s_t^{12}| \leq |s_n^{12}|\tan\varphi$,
jeżeli wtedy $\}$ $|s_t^{12}| = |s_n^{12}|\tan$ $s_t^{12} = |s_n^{12}|\tan\varphi\,\mathrm{sgn}[\boldsymbol{u}]_t^{12}$.
(5.25)

Możemy teraz sformułować problem w postaci mnożników Lagrange'a s : dla danej pary znaleźć $\boldsymbol{\mu}$ takie $\{\boldsymbol{u},\boldsymbol{s}\}$ i $\boldsymbol{u} \in V$ $\boldsymbol{s} \in S$

$J(\boldsymbol{u},\boldsymbol{s}) \leq J(\boldsymbol{w},\boldsymbol{s})$ dla wszystkich $\boldsymbol{w} \in V$
oraz
(5.26) $I(\boldsymbol{u},\boldsymbol{\eta}) \leq I(\boldsymbol{u},\boldsymbol{s})$ dla wszystkich $\boldsymbol{\eta} \in S$

Rozwiązywalność i wyjątkowość rozwiązania problemu pozostaje również ogólnie otwarta. Dowód na istnienie tego samego problemu sformułowanego w kategoriach nierówności wariancyjnej został przeprowadzony w [57] dla bardzo szczególnej dziedziny i bardzo szczególnych warunków brzegowych. Nieskończony pasek w wersji 2D został równomiernie obciążony i osadzony na nieskończenie sztywnym fundamencie (druga domena była nieruchoma i sztywna). Z drugiej strony, praktyczne eksperymenty dają rozsądne wyniki.

5.5 *Tarcie Mohr-Coulomb*

Uogólnienie Coulombowskiego prawa tarcia to tarcie Mohr-Coulombowskie. Pochodzi z mechaniki gleby, gdzie jest najczęściej stosowana. Ostatnio jest ona również stosowana w odniesieniu do pewnego rodzaju problemów z kontaktem, a prawo to wydaje się być właściwe również w tym przypadku. Ponieważ klasyczna formuła zakłada nacisk w normalnym kierunku kontaktu, a to niekoniecznie jest ważne w naszym przypadku, zmieniamy nieco formułę. Klasyczne sformułowanie rozszerza sformułowanie (5.22) o siłę wiązania ścinającego (τ_b daną rzeczywistą dodatnią), która czasami określana jest jako - c spójność). Sformułowanie prowadzące do nierówności wariacyjnych [57] jest nieco odmienne od obecnego, ale podobne rozważania jak w poprzednim rozdziale prowadzą nas do następującego systemu uwarunkowań:

$$[\boldsymbol{u}]_n^{12} \leq 0, \quad s_n^{12} \leq 0, \quad [\boldsymbol{u}]_n^{12} s_n^{12} = 0 \tag{5.27}$$

$|s_t^{12}| \leq \tau_b - s_n^{12} \tan\varphi$

jeśli wtedy ($|s_t^{12}| \geq \tau_b - s_n^{12} \tan\varphi \; s_t^{12} = (\tau_b - s_n^{12} \tan\varphi)\,\mathrm{sgn}[\boldsymbol{u}]_t^{12}$ 5.28)

Powyższe sformułowanie nie ma żadnego sensu mechanicznego w przypadku "luki", tj. zgodnie z warunkiem (5.27), jeśli $s_n^{12} = 0$. Nadal s_t^{12} może być różna od zera w odniesieniu do drugiej nierówności (5,28), ale zaprzecza to rzeczywistej sytuacji. Zaburzenie to będzie tłumione przez pomnożenie siły wiązania ścinającego przez τ_b $\kappa(s_n^{12})$, gdzie κ jest zmodyfikowana funkcja Heaviside'a zdefiniowana jako:

$$\kappa(s_n^{12}) = 0 \quad \text{dla} \quad s_n^{12} = 0$$
$$\kappa(s_n^{12}) = 1 \quad \text{dla} \quad s_n^{12} < 0$$

Warunki kontaktu są teraz odczytywane:

$$[\boldsymbol{u}]_n^{12} \leq 0 \; s_n^{12} \leq 0, \qquad ,[\boldsymbol{u}]_n^{12} s_n^{12} = 0$$

$$| s_t^{12} | \le \tau_b \kappa(s_n^{12}) - s_n^{12} \tan\varphi \quad (5.29)$$
$$\text{jeśli wtedy} \; | s_t^{12} | \ge \tau_b \kappa(s_n^{12}) - s_n^{12} \tan\varphi \; s_t^{12} = (\tau_b \kappa(s_n^{12}) - s_n^{12} \tan\varphi) \operatorname{sgn}[\boldsymbol{u}]_t^{12}$$

Przypomnijmy, że ostatni system ograniczeń dotyczących trakcji stykowych może zostać przekształcony jako warunki brzegowe Fischera-Signorini z włączonym tarciem Mohr-Coulomb (Γ_{12} $\kappa(s_n^{12})$ musi zostać wprowadzony):

$$[\boldsymbol{u}]_n^{12} \le 0 \; s_n^{12} \le 0, \quad , \quad [\boldsymbol{u}]_n^{12} s_n^{12} = 0$$
$$| s_t^{12} | \le \tau_b \kappa(s_n^{12}) - s_n^{12} \tan\varphi$$
$$s_t^{12} [\boldsymbol{u}]_t^{12} = 0 \quad (5.30) \; | [\boldsymbol{u}]_t^{12} | \ge 0$$

Przedstawmy przestrzeń dopuszczalnych trakcji na Γ_{12}:

$S \equiv \{ \boldsymbol{s}^{12} \le \boldsymbol{0}$ jest kwadratowo integrowalną funkcją wektorową na Γ_{12};

$s_n^{12} \le 0$ a.e. na Γ_{12}

$$| s_t^{12} | \le \tau_b \kappa(s_n^{12}) - s_n^{12} \tan\varphi \quad (5.31)$$
$$\text{jeżeli wtedy} \; \} \, | s_t^{12} | = -s_n^{12} \tan\varphi + \tau_b \kappa(s_n^{12}) \; s_t^{12} = (-s_n^{12} \tan\varphi + \tau_b \kappa(s_n^{12})) \operatorname{sgn}[\boldsymbol{u}]_t^{12}$$

Możemy teraz sformułować problem w postaci mnożników Lagrange'a $\boldsymbol{s}$: dla danej pary znaleźć $\boldsymbol{\mu}$ takie $\{\boldsymbol{u},\boldsymbol{s}\}$ i $\boldsymbol{u} \in V$ $\boldsymbol{s} \in S$

$$J(\boldsymbol{u},\boldsymbol{s}) \le J(\boldsymbol{w},\boldsymbol{s}) \quad \text{dla wszystkich} \quad \boldsymbol{w} \in V$$
$$\text{oraz} \quad (5.32)$$
$$I(\boldsymbol{u},\boldsymbol{\eta}) \le I(\boldsymbol{u},\boldsymbol{s}) \quad \text{dla wszystkich} \quad \boldsymbol{\eta} \in S$$

Otwarta pozostaje również możliwość rozwiązania problemu i unikalność jego rozwiązania. Niektóre podstawowe lemy zostały udowodnione w [57], ale ogólne twierdzenie o wyjątkowości i rozwiązywalności nie zostało jeszcze udowodnione. Również tutaj praktyczne eksperymenty dają rozsądne wyniki.

Należy pamiętać, że ostatni system ograniczeń dla trakcji stykowych może zostać rozszerzony. Równania zdefiniowane dla normalnych kierunków zakładają, że istnieje debet zaraz po tym, jak normalna trakcja na interfejsie jest ujemna, tzn. pojawia się napięcie. To założenie nie jest do końca realistyczne. Bardzo wiele materiałów jest w stanie wytrzymać, nawet jeśli trakcja rozciągania nie osiąga wytrzymałości na rozciąganie p_n^+. Nie można więc mówić o szyszkach dopuszczalnych, ale, powiedzmy, pseudo-dopuszczalnych. Poprawa w poprzednim znaczeniu ma swoje odzwierciedlenie zarówno w normalnym, jak i stycznym kierunku w warunkach brzegowych Fischery-Signorini z tarciem Mohr-Coulomb na Γ_{12}. Zamiast s_n^{12} rozważać ($p_n^+ - s_n^{12}$ pamiętajmy, że s_n^{12} jest to negatywne, jeśli opisuje ściskanie i pozytywne, jeśli jest rozciąganie). Równanie (5.20) przechodzi do formularza:

$$
\begin{aligned}
&[\boldsymbol{u}]_n^{12} \leq 0 \; p_n^+ - s_n^{12} \leq 0, \quad , \quad [\boldsymbol{u}]_n^{12}(p_n^+ - s_n^{12}) = 0 \\
&| s_t^{12} | \leq (p_n^+ - s_n^{12}) \tan\varphi + \tau_b \kappa (p_n^+ - s_n^{12}) \\
&s_t^{12} [\boldsymbol{u}]_t^{12} = 0 \\
&| [\boldsymbol{u}]_t^{12} | \geq 0
\end{aligned}
\tag{5.33}
$$

Przedstawmy przestrzeń dopuszczalnych trakcji na Γ_{12}:

$$
\begin{aligned}
&S \equiv \{ \boldsymbol{s}^{12} \leq \boldsymbol{0} \text{ jest kwadratowo integrowalną funkcją wektorową na } \Gamma_{12}; \\
&p_n^+ - s_n^{12} \leq 0 \text{ a.e. } \text{na}\,\Gamma_{12} \\
&| s_t^{12} | \leq (p_n^+ - s_n^{12}) \tan\varphi + \tau_b \kappa (p_n^+ - s_n^{12}) \\
&\text{jeśli} \quad | s_t^{12} | = (p_n^+ - s_n^{12}) \tan\varphi + \tau_b \kappa (p_n^+ - s_n^{12}) \\
&\text{potem} \; \} \; s_t^{12} = ((p_n^+ - s_n^{12}) \tan\varphi + \tau_b \kappa (p_n^+ - s_n^{12})) \operatorname{sgn}[\boldsymbol{u}]_t^{12}
\end{aligned}
\tag{5.34}
$$

5.6 *Analiza wartości granicznych*

Szczególnym przypadkiem prawa tarcia Coulomba jest analiza graniczna, która wyklucza wytrzymałość na ścinanie, która nie może być przekroczona. Tak jest na przykład w przypadku kruchego materiału. Aby utrzymać założenia stożków, wytrzymałość na rozciąganie jest zawsze zerowa. Ten warunek nie traci na ogólnikowości; porównaj (5.30), (5.32) i (5.31) z (5.33). Sformułowanie zawęża sformułowanie (5.27) i (5.28), w którym pomijamy jedynie siłę ścinającą τ_b. Należy zwrócić uwagę na argumenty omówione w poprzednim punkcie, które również prowadzą do wprowadzenia funkcji, aby κ wykluczyć nierealistyczną sytuację na styku, która umożliwia "lukę" (normalne trakcje są pozytywne i jednocześnie dopuszcza się poślizg). Sformułowanie to ponownie prowadzi do nierówności różnicowania. System ograniczeń może być wyrażony jako:

$$
[\boldsymbol{u}]_n^{12} \leq 0, \quad s_n^{12} \leq 0, \quad [\boldsymbol{u}]_n^{12} s_n^{12} = 0 \tag{5.35}
$$

$| s_t^{12} | \le \tau_b \kappa(s_n^{12})$ (5.36) jeśli

wtedy $| s_t^{12} | = \tau_b \kappa(s_n^{12})$ $s_t^{12} = \tau_b \kappa(s_n^{12}) \mathrm{sgn}[\boldsymbol{u}]_t^{12}$

Przypomnijmy, że ostatni system ograniczeń w trakcji stykowej może zostać przekształcony jako warunki brzegowe Signorini z włączonym tarciem Mohr-Coulomba (Γ_{12} $\kappa(s_n^{12})$ musi zostać wprowadzony):

$$
\begin{aligned}
&[\boldsymbol{u}]_n^{12} \le 0 \; s_n^{12} \le 0, \quad , \quad [\boldsymbol{u}]_n^{12} s_n^{12} = 0 \\
&| s_t^{12} | \le \tau_b \kappa(s_n^{12}) \\
&s_t^{12} [\boldsymbol{u}]_t^{12} = 0 \\
&| [\boldsymbol{u}]_t^{12} | \ge 0
\end{aligned}
\qquad (5.37)
$$

Przedstawmy przestrzeń dopuszczalnych trakcji na Γ_{12}:

$S \equiv \{$ $\boldsymbol{s}^{12} \le \boldsymbol{0}$ jest kwadratowo integrowalną funkcją wektorową na Γ_{12};

$s_n^{12} \le 0 \, | s_t^{12} | \le \tau_b \kappa(s_n^{12})$ a.e. on Γ_{12} , (5.38)

jeżeli wtedy $\}$ $| s_t^{12} | = \tau_b \kappa(s_n^{12})$ $s_t^{12} = \tau_b \kappa(s_n^{12}) \mathrm{sgn}[\boldsymbol{u}]_t^{12}$

Możemy teraz sformułować problem w postaci mnożników Lagrange'a $\boldsymbol{s}$: dla danej pary znaleźć $\boldsymbol{\mu}$ takie $\{\boldsymbol{u}, \boldsymbol{s}\}$ i $\boldsymbol{u} \in V$ $\boldsymbol{s} \in S$

$J(\boldsymbol{u},\boldsymbol{s}) \le J(\boldsymbol{w},\boldsymbol{s})$ dla wszystkich $\boldsymbol{w} \in V$

oraz (5.39)

$I(\boldsymbol{u},\boldsymbol{\eta}) \le I(\boldsymbol{u},\boldsymbol{s})$ dla wszystkich $\boldsymbol{\eta} \in S$

Nierozstrzygalność i wyjątkowość rozwiązania problemu pozostaje również otwarta. Niektóre podstawowe lemy zostały udowodnione w [57], ale ogólne twierdzenie o wyjątkowości i rozwiązywalności nie zostało jeszcze udowodnione. Również tutaj praktyczne eksperymenty dają rozsądne wyniki.

5.7 *Kryterium Hoek-Brown*

Ponieważ określenie wytrzymałości skał in situ jest niezbędne do pomyślnego zaprojektowania konstrukcji podziemnych, Bureau of Mines w Denver wydało serię publikacji, [6], [7], na przykład, gdzie można znaleźć szacunki dla inżynierów dla różnych materiałów. Zalecenie, które wyraźnie wynika z wielu prób na różnych materiałach (nie tylko skałach) sugeruje, że dla obciążenia dynamicznego hipotezę Mohr-Coulomba należy zastąpić kryterium Hoek-

Browna, [38-39]. Uszkodzenie na skutek ścinania w szerokim zakresie materiałów spełnia następujący warunek:

$$\frac{\tau}{\sigma^+} = A(1 - \frac{\sigma}{\sigma^+})^{2\beta}, \qquad (5.40)$$

gdzie i τ σ są naprężenia ścinające i normalne, odpowiednio, wzdłuż płaszczyzny zniszczenia, σ^+ jest wytrzymałością na rozciąganie (należy pamiętać, że naprężenie jest dodatnie), 2β jest uniwersalną stałą równą 0,684 ± poprawkowego terminu i A jest stałą materiałową. Wartości są wyznaczane na A podstawie próby trójosiowego ściskania i próby ścinania otworu, które wynoszą odpowiednio około 3,018 i 2,466; wartości są porównywalne z wartościami A wyznaczonymi w próbie Hoek'a i Brown'a. Przeprowadzono dużą skalę doświadczeń, a stałe dla wyżej wymienionego kryterium niepowodzenia wynosiły: 2β = 0,684 0 ± ,017, A = 2,466 0 ± ,58 dla materiału niezakłóconego oraz A = 3,018 0 ± ,88 dla masy uszkodzonej.

Wartość A można również określić na podstawie warunku, że wytrzymałość na ściskanie σ_c i wytrzymałość na rozciąganie σ^+ osiągają te same wartości dla kryteriów Mohr-Coulomba i Hoek-Browna:

$$\tau = b(\sigma^+ - \sigma)^{2\beta}, \quad b = \frac{(c - \sigma_c \tan\varphi)}{(\sigma^+ - \sigma_c)^{2\beta}} \quad \Rightarrow \tau = \left(\frac{\sigma^+ - \sigma}{\sigma^+ - \sigma_c}\right)^{2\beta} (c - \sigma_c \tan\varphi) \qquad (5.41)$$

Na poniższym zdjęciu widać, że koperta Mohr według kryterium Hoek-Brown bardzo dobrze nadaje się do tego, co Mohr-Coulomb. Na rys. 5.3 przedstawiono graficznie porównanie obu hipotez, Mohr-Coulomba i Hoek-Browna dla $b = 0.5$,

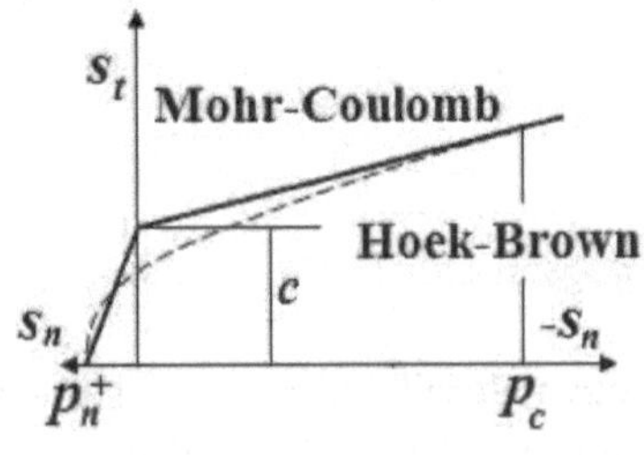

Rysunek 5.3: Porównanie hipotezy Mohr-Coulomba z kryterium Hoek-Brown.

Przypomnijmy, że jeśli na rys. 5.3 znajduje się pozioma linia prosta przecinająca oś pionową na c analizie granicznej jest opisana graficznie dla $c \equiv \tau_b$. W poniższych sformułowaniach, ponownie, wytrzymałość na rozciąganie jest zaangażowana w ograniczenie, ponieważ sugerowany model jest dziś bardzo popularny w zastosowaniach.

Zauważmy, że kryterium Hoek-Brown zostało zbadane w wielu dokumentach. Ponieważ to kryterium jest bardzo ważne, nazwij wybór referencji, [6-8], [38-43]. W tym rozdziale kryterium Hoek-Brown jest dostosowane do potrzeb warunków styku sąsiednich elementów, dlatego celem jest wyrażenie relacji na styku sąsiednich elementów w kierunku ścinania w rozumieniu obwiedni Hoek-Brown:

$$s_t^{12} = \left(\frac{p_n^+ - s_n^{12}}{p_n^+ - p_c} \right)^{2\beta} (c - p_c \tan\varphi)\kappa(p_n^+ - s_n^{12}). \quad (5.42)$$

Ten ostatni związek może rozszerzyć hipotezę Mohr-Coulomba jako..:

$$\begin{gathered} | s_t^{12} | \leq \left(\frac{p_n^+ - s_n^{12}}{p_n^+ - p_c} \right)^{2\beta} (c - p_c \tan\varphi)\kappa(p_n^+ - s_n^{12}) \\ \text{if } | s_t^{12} | = \left(\frac{p_n^+ - s_n^{12}}{p_n^+ - p_c} \right)^{2\beta} (c - p_c \tan\varphi)\kappa(p_n^+ - s_n^{12}) \Rightarrow \\ s_t^{12} = \left(\frac{p_n^+ - s_n^{12}}{p_n^+ - p_c} \right)^{2\beta} (c - p_c \tan\varphi)\kappa(p_n^+ - s_n^{12}) \operatorname{sgn}[\boldsymbol{u}]_t \end{gathered} \quad (5.43)$$

Porównując poprzednie warunki wynikające z nowego kryterium z warunkami mającymi zastosowanie do hipotezy Mohr-Coulomba stwierdza się, że należy inaczej umiejscowić funkcję Heaviside'a, aby spełnić realistyczny warunek, że po wystąpieniu debetu obie siły, styczna i normalna, są równe zeru. Ułamek po prawej stronie jest zawsze dodatni, ponieważ zarówno normalna trakcja p_n jak i krytyczna siła ściskająca p_c są większe od dopuszczalnej siły rozciągającej p_n .

Warunki (5.32) i (5.33) można wyrazić w sensie Fischera-Somigliani:

$$[\boldsymbol{u}]_{\rm n} \geq 0, s_{\rm n}^{12} - p_{\rm n}^{+} \leq 0,\ [\boldsymbol{u}]_{\rm n}(s_{\rm n}^{12} - p_{\rm n}^{+}) = 0 \qquad \text{normal direction}$$

$$\left.\begin{array}{l} 0 \leq \left(\dfrac{p_{\rm n}^{+} - s_{\rm n}^{12}}{p_{\rm n}^{+} - p_{\rm c}}\right)^{2\beta} (c - p_{\rm c}\tan\varphi)\kappa(p_{\rm n}^{+} - s_{\rm n}^{12}) - |\, s_{\rm t}^{12}\,|, \ |\,[\boldsymbol{u}]_{\rm t}\,| \geq 0, \\ \left\{\left(\dfrac{p_{\rm n}^{+} - s_{\rm n}^{12}}{p_{\rm n}^{+} - p_{\rm c}}\right)^{2\beta} (c - p_{\rm c}\tan\varphi)\kappa(p_{\rm n}^{+} - s_{\rm n}^{12})\right\} |\,[\boldsymbol{u}]_{\rm t}\,| = 0 \end{array}\right\} \text{tangential direction}$$

(5.44)

Przedstawmy przestrzeń dopuszczalnych trakcji na Γ_{12}:

$$\begin{aligned} S \equiv \{\ & \boldsymbol{s}^{12} \leq \boldsymbol{0} \text{ jest kwadratowo integrowalną funkcją wektorową na } \Gamma_{12}; \\ & [\boldsymbol{u}]_{\rm n} \geq 0, s_{\rm n}^{12} - p_{\rm n}^{+} \leq 0,\ [\boldsymbol{u}]_{\rm n}(s_{\rm n}^{12} - p_{\rm n}^{+}) = 0 \\ & 0 \leq \left(\frac{p_{\rm n}^{+} - s_{\rm n}^{12}}{p_{\rm n}^{+} - p_{\rm c}}\right)^{2\beta} (c - p_{\rm c}\tan\varphi)\kappa(p_{\rm n}^{+} - s_{\rm n}^{12}) - |\, s_{\rm t}^{12}\,|, \ |\,[\boldsymbol{u}]_{\rm t}\,| \geq 0 \\ & \left\{\left(\frac{p_{\rm n}^{+} - s_{\rm n}^{12}}{p_{\rm n}^{+} - p_{\rm c}}\right)^{2\beta} (c - p_{\rm c}\tan\varphi)\kappa(p_{\rm n}^{+} - s_{\rm n}^{12})\right\} |\,[\boldsymbol{u}]_{\rm t}\,| = 0\ \} \end{aligned} \tag{5.45}$$

Możemy teraz sformułować problem w postaci mnożników Lagrange'a $\boldsymbol{s}$: dla danej pary znaleźć $\boldsymbol{\mu}$ takie $\{\boldsymbol{u},\boldsymbol{s}\}$ i $\boldsymbol{u} \in V$ $\boldsymbol{s} \in S$

$$\begin{aligned} & J(\boldsymbol{u},\boldsymbol{s}) \leq J(\boldsymbol{w},\boldsymbol{s}) \quad \text{dla wszystkich} \quad \boldsymbol{w} \in V \\ & \text{oraz} \\ & I(\boldsymbol{u},\boldsymbol{\eta}) \leq I(\boldsymbol{u},\boldsymbol{s}) \quad \text{dla wszystkich} \quad \boldsymbol{\eta} \in S \end{aligned} \tag{5.46}$$

Następnie energia systemu z uwzględnieniem kryterium Hoek-Brown (5.32) jako

$$\begin{aligned} \Pi = & \frac{1}{2}\sum_{\alpha=1}^{N} a_\alpha(\boldsymbol{u},\boldsymbol{u}) - \int_{\Gamma} \overline{\boldsymbol{p}}^{\rm T} \boldsymbol{u}\, {\rm d}\boldsymbol{x} - \\ & - \sum_{\chi=1}^{n}\int_{\Gamma_\beta} \{(p_{\rm n}^{+})^{\chi}\kappa(p_{\rm n}^{+} - p_{\rm n}^{\chi}) - p_{\rm n}^{\chi}\}[\boldsymbol{u}]_{\rm n}^{\chi}\, {\rm d}\boldsymbol{x} - \\ & - \sum_{\chi=1}^{n}\int_{\Gamma_\beta} \left\{\left(\frac{p_{\rm n}^{+} - p_{\rm n}^{\chi}}{p_{\rm n}^{+} - p_{\rm c}}\right)^{2\beta} (c^{\chi} - p_{\rm c}\tan\ )\kappa(p_{\rm n}^{+} - p_{\rm n}^{\chi})\right\} |\,[\boldsymbol{u}]_{\rm t}^{\chi}\,|\, {\rm d}\boldsymbol{x} \end{aligned} \tag{5.47}$$

gdzie jest to α χ liczba skończonych cząstek, które pokrywają całą domenę oraz liczba styków międzyfazowych łącznie z granicami zewnętrznymi, $\bar{\boldsymbol{p}}$ są podane trakcje zewnętrzne na granicy zewnętrznej. Równanie (5.47) rozszerza poprzednie sformułowania energii w tej sekcji, ponieważ warunki ostatniego kontaktu są uważane za najbardziej odpowiednie do praktycznego zastosowania.

Rozwiązywalność i wyjątkowość rozwiązania problemu pozostaje na ogół otwarta. Zgodnie z wiedzą autora, nikt jeszcze nie zajmował się tym problemem i zostanie on zbadany w innej publikacji. Jak pokazano poniżej, praktyczne przykłady dają stosunkowo dobre i przekonujące wyniki.

6 SFORMUŁOWANIA KARNE

W tej części pozostawiamy kryteria twardego kontaktu, który jest przygotowany do zastosowania algorytmu Uzawa jako narzędzia numerycznego. Omówimy inne możliwości, które mogą być zastosowane przy badaniu uszkodzeń stałych konstrukcji. Do tego celu wykorzystany zostanie system sprężyn łączących sąsiadujące ze sobą cząstki. Ponownie, cząsteczki sześciokątne będą modelować zdyskredytowany problem nieciągłych elementów granicznych.

Uwzględnić sześciokąt j w stanie niezdeformowanym w kontakcie z sąsiednimi sześciokątami, $j_1,...j_6$ patrz rys. 6.1. W kolejnym oznaczeniu pomijamy symbol j i identyfikujemy sąsiadów za pomocą indeksów $1,...,6$. Następnie na rys. 6.1, $N_{ik} = N_{ki}$ są wypadkową trakcji działającej p_n w normalnym kierunku do interfejsu między elementami oraz i j_k, $T_{ik} = T_{ki}$ są wypadkową trakcji ścinającej p_t działającej wzdłuż interfejsu między tymi samymi elementami oraz i j_k. Wskaźniki i N T muszą dojeżdżać do pracy, ponieważ prawo akcji - reakcji ma miejsce.

Na rys. 6.2 pokazano oznaczenia styków miękkich modelowanych przez układ sprężyn zarówno w kierunku normalnym jak i stycznym. Symbole i k_n k_t oznaczają odpowiednio sztywność sprężyny w kierunku normalnym i stycznym.

Podobnie jak w poprzednim rozdziale, omówione zostaną różne warunki na interfejsie pomiędzy sąsiadującymi elementami. Bez naprężeń na interfejsie, tarcie Coulomba, stan Mohr-Coulomba, kryterium Hoek-Browna i analiza graniczna będą traktowane. Parametry uszkodzeń są obliczane i dostosowywane do sytuacji podanej przez wybrane kryteria.

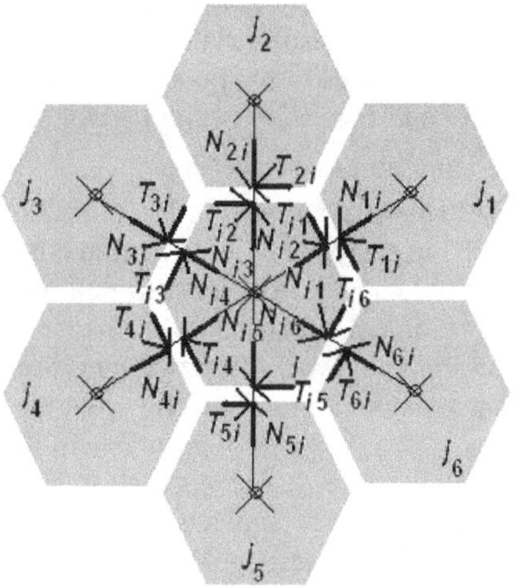

Rys. 6.1: Rezultaty działania sił kontaktowych

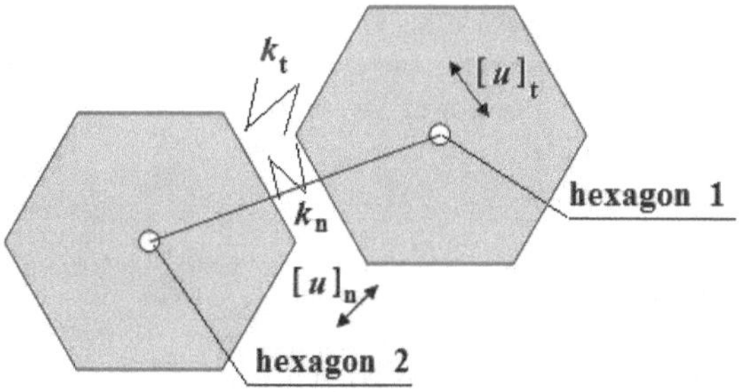

Rys. 6.2: Dwa sąsiadujące ze sobą elementy i wyjaśnienie warunków kontaktu.

Problem debodowania wewnątrz konstrukcji spełniający niektóre z powyższych kryteriów musi być obliczany jako trójwymiarowy, tak aby najbardziej precyzyjne wyniki można było uzyskać z bardzo precyzyjnych modeli numerycznych. W tym rozdziale założono jedynie dwuwymiarowe sformułowania dla elementów sześciokątnych we wzajemnym kontakcie, a także omówiono różne ograniczenia stykowe, oparte na metodzie nieciągłych elementów granicznych. Również w tym przypadku miękki kontakt prowadzi do bardzo szybkiego algorytmu zastosowanego do ogólnie nieliniowego problemu kontaktu. Należy pamiętać, że zastosowanie miękkiego kontaktu jest bardziej

odpowiednie w przypadku, gdy badany jest miękki materiał skalny, podczas gdy kontakt twardy służy lepiej w przypadku materiałów podobnych do skał (beton, metal). Zachowamy oznaczenie z poprzedniego odcinka, tj. skrót $\Gamma_{ij}, i.j = 1,...,3$ od granicy interfejsu Ω_i z przyległym Ω_j, tj. jest to granica międzyfazowa w odniesieniu do Ω_i.
Uszkodzenie struktury rozpoczyna się od od odkostnienia, które jest modelowane przez problemy stykowe jednej, aktualnie wybranej cząstki z sąsiednimi cząstkami. Problem kontaktu jest sformułowany w odniesieniu do metody karnej, [35-36]. Problem braku naprężeń badano w [34] w związku z metodą elementów skończonych, a w [35] rozwiązano problem kontaktu dwóch ciał sprężystych metodą elementów granicznych.

W tym rozdziale sformułowanie karne jest stosowane w odniesieniu do problemu kontaktu bez dowodu na jego rozpuszczalność i niepowtarzalność. Głównym celem tego rozdziału jest pokazanie zachowania się problemu kontaktu wewnątrz całej struktury w związku z zaproponowaną procedurą numeryczną. Problem kontaktu jest rozszerzony na wiele lokalnych problemów z kontaktem, aby osiągnąć odkrycie uszkodzenia konstrukcji.

Decydująca idea problemu uszkodzeń struktur polega na określonym schemacie procesu iteracji. Na rys. 5.1 trzy sześciokąty, bez utraty ogólnikowości, są uważane za mające ten sam kształt, są widoczne w stanie niezdeformowanym. Cząstki 2 i 3 są stałe, nie poruszają się w bieżącym kroku iteracji, lecz na granicy międzyfazowej i Γ_{12} Γ_{13}.

6.1 *Sformułowanie problemu*

Zaczynamy od zbadania dwóch elastycznych ciał, które oddziałują na siebie. Dla uproszczenia, omówiony zostanie problem 2D. Geometrię trzech sześciokątów we wzajemnym kontakcie przedstawiono na rys. 5.1. Pierwsze ciało zajmuje w stanie niezdeformowanym domenę in Ω_1, a pozostałe dwie domeny i Ω_2 Ω_3. Wszystkie trzy ciała znajdują się w kartezjańskim układzie współrzędnych $0x_1x_2$. Można wziąć pod uwagę kilka przypadków warunków kontaktu. Ogólnie przyjmuje się, że naprężenie w normalnym kierunku wzdłuż interfejsu między ciałami jest albo niedopuszczalne, albo nie może przekraczać dopuszczalnej wytrzymałości na rozciąganie p_n^+. Inny model dopuszcza przesuwanie się na interfejsie, co jest opisane przez kilka praw. W niektórych dokumentach, na przykład, więź ścinana τ_b, czasami nazywana spójnością i oznaczana przez c, lub prawa Mohr-Coulomba lub Hoek-Browna są stosowane, lub prawa "ograniczone przemieszczenia" są rozważane. Obciążenie całej

konstrukcji jest reprezentowane przez równomiernie rozłożone siły pochodzące z nadkładu systemu podziemnego. Ponadto, siły inercyjne D'Alemberta działają jak wbite w każdy element, i znajdują się w środku cząstek. Może istnieć również niewymuszone obciążenie w postaci eigenparametrów, reprezentujące zmianę temperatury, wybuch gazu i ewentualnie nieliniowe zmiany materiału. To ostatnie nie będzie brane pod uwagę w przykładach.
Przybliżenia przemieszczeń krawędziowych na każdym odcięciu krawędziowym każdej cząstki są liniowe; oznacza to, że po odkształceniu granice pozostają ciągłe. Na Rys. 5.1, domeny i Ω_2 Ω_3 są ustalone w bieżącym kroku iteracji, tylko ruch punktów węzłowych w i Γ_{12} Γ_{13} jest dopuszczalny. Ze względu na ciągłość przesunięć również odpowiedni punkt węzłowy przyległych odciętych granic jest wspólny i Γ_{12} Γ_{13} może się przesuwać. Ewentualne ruchy są widoczne na następnym rysunku, Rys. 5.2.

Przemieszczenia są opisane przez funkcję wektorową $\boldsymbol{u}=\{u_1,u_2\}$ zmiennej $\boldsymbol{x}=\{x_1,x_2\}$, $u_i \equiv u_i(\boldsymbol{x})$ jest składową wektora przemieszczenia w punkcie $\boldsymbol{x}$ w kierunku x_i osi -. Ograniczenie jakichkolwiek funkcji do lub Ω_1 Ω_2 jest oznaczane, odpowiednio, przez indeks górny 1 lub 2, np. i $\boldsymbol{u}/\Omega_1=\boldsymbol{u}^1$ $\boldsymbol{u}/\Omega_2=\boldsymbol{u}^2$.

Poniższe sformułowania zostaną przedstawione w układzie współrzędnych, $0x_nx_t$ natomiast transformacja do układu globalnego $0x_1x_2$ jest zaczerpnięta z rozdziału 4.3. W jaki sposób zostaną wykorzystane relacje:

$$s_n^{12}=k_n^{12}[\boldsymbol{u}]_n^{12}\; s_t^{12}=k_t^{12}[\boldsymbol{u}]_t^{12} \quad , \qquad (6.1)$$

$$s_n^{21}=k_n^{21}[\boldsymbol{u}]_n^{21}\; s_t^{21}=k_t^{21}[\boldsymbol{u}]_t^{21} \quad , \qquad (6.2)$$

gdzie i k_n^{12} gdzie k_t^{12} są odpowiednio sztywne sprężyny w kierunku normalnym i stycznym. Należy pamiętać, że mogą one być stałe, ale mogą też zachowywać się nieliniowo, co znacząco wpłynie na cały system strukturalny. Ze względu na równowagę, którą oczywiście utrzymuje,

$$\begin{aligned}
&[\boldsymbol{u}]_n^{12}\equiv u_n^1-u_n^2=[\boldsymbol{u}]_n\\
&s_n^{12}=-s_n^{21}=s_n\\
&[\boldsymbol{u}]_t^{12}\equiv u_t^1-u_t^2=[\boldsymbol{u}]_t\\
&s_t^{12}=-s_t^{21}=s_t\\
&k_n^{12}=k_n^{21}=k_n\\
&k_t^{12}=k_t^{21}=k_t
\end{aligned} \qquad (6.3)$$

więc (6.1) i (6.2) zwraca się do

$$s_n = k_n[\boldsymbol{u}]_n\ s_t = k_t\,[\boldsymbol{u}]_t \qquad , \qquad (6.4)$$

6.2 *Problem braku naprężeń, brak słyszenia*

Skoncentrujmy naszą uwagę na trzech elementach, powiedzmy Ω_1 , i Ω_2 Ω_3 , patrz rys. 5.1. Wolny sześciokąt, który może zmieniać przemieszczenia, to tylko ten określony przez Ω_1 . Sformułujmy podstawowy warunek brzegowy na arbitralnie wybranej granicy styku, powiedzmy Γ_{12} wybranych cząstek sąsiadujących Ω_1, w następujący sposób (Ω_2 warunki Fischery-Somiglianiego):

$[\boldsymbol{u}]_n \le 0$ a.e. na Γ

Jeśli $[\boldsymbol{u}]_n = 0$ wtedy również

(6.5)

$[\boldsymbol{u}]_t = u_t^1 - u_t^2 = 0$ a.e. na Γ

gdzie i u_n u_t są rzuty przemieszczenia $\boldsymbol{u}$ w kierunku normalnym i stycznym na granicy Γ , które w tym przypadku znajdują się w równowadze z Γ .

My oznaczamy

$K \equiv \{\boldsymbol{u} \in V;\ [\boldsymbol{u}]_n \equiv u_n^1 - u_n^2 \le 0\ \}$ a.e. on (Γ 6.6)

gdzie V jest dopuszczalna przestrzeń przesunięć granicznych. Zestaw K jest stożkiem dopuszczalnych przemieszczeń w odniesieniu do podstawowego stanu styku (5.1).

Załóżmy, że rozdzielimy oba ciała, ale utrzymamy stan naprężenia i deformacji w ciałach. Następnie należy $\boldsymbol{s} \equiv (s_n, s_t)$ wprowadzić wektor ciągów stykowych, aby odwzorować naprężenia wewnątrz i Ω_1 Ω_2 , patrz rys. 5.1, gdzie występuje stan równowagi, $\boldsymbol{s}^{12} = -\boldsymbol{s}^{21} = \boldsymbol{s}$. Zapiszmy energie obu ciał przyjmując je oddzielnie:

$$\Pi_1 = \frac{1}{2}a_1(\boldsymbol{u},\boldsymbol{u}) - \int_{\Omega_1} (\sigma^1)^T \boldsymbol{\mu}^1\, d\Omega_1 - \int_{\Gamma_{12}} s_n[\boldsymbol{u}]_n\, d\gamma - \int_{\Gamma_{12}} s_t[\boldsymbol{u}]_t\, d\gamma \qquad (6.7)$$

$$\Pi_2 = \frac{1}{2}a_2(\boldsymbol{u},\boldsymbol{u}) - \int_{\Omega_2} (\sigma^2)^T \boldsymbol{\mu}^2\, d\Omega_2 - \int_{\Gamma_{21}} s_n[\boldsymbol{u}]_n\, d\gamma - \int_{\Gamma_{21}} s_t[\boldsymbol{u}]_t\, d\gamma \quad (6.8)$$

$$a_1(\boldsymbol{u},\boldsymbol{u}) = \int_{\Omega_1} (\boldsymbol{\sigma}^1)^{\mathrm{T}} \boldsymbol{\varepsilon}^1 \, \mathrm{d}\Omega_1$$

$$a_2(\boldsymbol{u},\boldsymbol{u}) = \int_{\Omega_2} (\boldsymbol{\sigma}^2)^{\mathrm{T}} \boldsymbol{\varepsilon}^2 \, \mathrm{d}\Omega_2$$

W ostatnich równaniach a_i są dwuliniowe formy (energie wewnętrzne) , $\boldsymbol{\sigma}^i, \boldsymbol{\varepsilon}^i$ są naprężeniami i odkształceniami, odpowiednio, określonymi w $\Omega^i, i = 1,...,3$, i $\boldsymbol{\mu}$ są tensorami naprężeń własnych. Siły zewnętrzne nie są wprowadzane, jak uważamy, bez utraty ogólnikowości, że układ rozważanych cząstek jest gdzieś wewnątrz struktury.

Pozostawiając wewnętrzne energie $a_i(\boldsymbol{u},\boldsymbol{u})$ i energie związane z eigenparametrami, skoncentrujmy się na całkach, biorąc pod uwagę (6.1), otrzymujemy

$$\Pi_1 = \frac{1}{2} a_1(\boldsymbol{u},\boldsymbol{u}) - \int_{\Omega_1} (\boldsymbol{\sigma}^1)^{\mathrm{T}} \boldsymbol{\mu}^1 \, \mathrm{d}\Omega_1 - \int_{\Gamma_{12}} k_{\mathrm{n}} ([\boldsymbol{u}]_{\mathrm{n}})^2 \, \mathrm{d}\gamma - \int_{\Gamma_{12}} k_{\mathrm{t}} ([\boldsymbol{u}]_{\mathrm{t}})^2 \, \mathrm{d}\gamma \qquad (6.9)$$

$$\Pi_2 = \frac{1}{2} a_2(\boldsymbol{u},\boldsymbol{u}) - \int_{\Omega_2} (\boldsymbol{\sigma}^2)^{\mathrm{T}} \boldsymbol{\mu}^2 \, \mathrm{d}\Omega_2 - \int_{\Gamma_{21}} k_{\mathrm{n}} ([\boldsymbol{u}]_{\mathrm{n}})^2 \, \mathrm{d}\gamma - \int_{\Gamma_{21}} k_{\mathrm{t}} ([\boldsymbol{u}]_{\mathrm{t}})^2 \, \mathrm{d}\gamma \qquad (6.10)$$

Ponieważ $\Gamma_{12} = \Gamma_{21} = \Gamma$, i $k_{\mathrm{n}}^{12} = k_{\mathrm{n}}^{21}$ $[\boldsymbol{u}]_{\mathrm{n}}^{21} = [\boldsymbol{u}]_{\mathrm{n}}^{12}$, $[\boldsymbol{u}]_{\mathrm{t}}^{21} = [\boldsymbol{u}]_{\mathrm{t}}^{12}$ układ równań (6.9) i (6.10) może być zapisany w jednym równaniu:

$$\begin{aligned} \Pi(\boldsymbol{u},k_{\mathrm{n}},k_{\mathrm{t}}) &= \frac{1}{2} a_1(\boldsymbol{u},\boldsymbol{u}) + \frac{1}{2} a_2(\boldsymbol{u},\boldsymbol{u}) - \\ &- \int_{\Omega_1} (\boldsymbol{\sigma}^1)^{\mathrm{T}} \boldsymbol{\mu}^1 \, \mathrm{d}\Omega_1 - \int_{\Gamma} k_{\mathrm{n}} ([\boldsymbol{u}]_{\mathrm{n}})^2 \, \mathrm{d}\gamma - \int_{\Gamma} k_{\mathrm{t}} ([\boldsymbol{u}]_{\mathrm{t}})^2 \, \mathrm{d}\gamma \end{aligned} \qquad (6.11)$$

6.3 *Tarcie coulombowe*

Poprzednią formułę można łatwo rozszerzyć na przypadek tarcia Coulomba. Te same warunki brzegowe zostaną określone wzdłuż zewnętrznych granic opóźnienia, wzdłuż interfejsu. Pierwszy warunek (6.5) będzie nadal ważny, ale drugi warunek (6.5) zostanie zastąpiony przez warunek dotyczący tarcia Coulomb'a w dniu Γ :

$|s_t| \le -s_{\mathrm{n}} \tan\varphi$

jeżeli $|s_{\mathrm{t}}| = -s_{\mathrm{n}} \tan\varphi$ istnieje liczba dodatnia ω, taka że $([\boldsymbol{u}]_{\mathrm{t}} = -\omega\, s_{\mathrm{t}}$ 6.12) gdzie $\tan\varphi$ jest rzeczywisty dodatni opisujący współczynnik tarcia wewnętrznego dla dwóch stykających się materiałów, φ to kąt tarcia wewnętrznego. Oznacza to, że dopóki w pewnym momencie interfejsu Γ s_t trakcja ścinająca nie osiągnie wartości granicznej podanej przez pomnożenie jej s_n $\tan\varphi$ przez współczynnik tarcia Coulomba, nie wystąpi w tym momencie żadne poślizgnięcie. W przypadku osiągnięcia granicy, nastąpi poślizg w kierunku stycznym do granicy, Γ a jego kierunek będzie przeciwny do siły oddziałującej s_t. Warunki (6.12) mogą zostać przekształcone jako

$$|s_t| \le -s_n \tan\varphi, \quad [\boldsymbol{u}]_t . s_t = 0, \quad |[\boldsymbol{u}]_t| \ge 0 \quad (6.13)$$

Warunki te są formalnie podobne do (6.10), tak więc mogą być traktowane jak warunki z poprzedniego paragrafu. Ze sformułowania wariantowego [57], warunek równoważny do (6.12) posiada ($[\boldsymbol{u}]_t$ jest mnożnikiem Lagrange'a):

$$|s_t| \le -s_n \tan\varphi$$
jeśli wtedy ($|s_t| = -s_n \tan\varphi \; s_t = -s_n \tan\varphi \operatorname{sgn}[\boldsymbol{u}]_t$ 6.14)

Teraz pojawia się pytanie, jak będzie wyglądać całkowita energia w przypadku prawa kontaktowego Coulomba. Wykorzystanie (6.4) plonów

$$\Pi(\boldsymbol{u},k_n,k_t) = \frac{1}{2}a_1(\boldsymbol{u},\boldsymbol{u}) + \frac{1}{2}a_2(\boldsymbol{u},\boldsymbol{u}) - \\ - \int_{\Omega_1} (\sigma^1)^T \boldsymbol{\mu}^1 \, d\Omega_1 - \int_{\Gamma} k_n([\boldsymbol{u}]_n)^2 \, d\gamma - \int_{\Gamma} (k_n \tan\varphi[\boldsymbol{u}]_t + k_t([\boldsymbol{u}]_t)^2) \, d\gamma \quad (6.15)$$

6.4 *Tarcie Mohr-Coulomb*

Uogólnienie Coulombowskiego prawa tarcia to tarcie Mohr-Coulombowskie. Pochodzi z mechaniki gleby, gdzie jest najczęściej stosowana. Klasyczna formuła rozszerza formułę (6.12) o siłę wiązania ścinającego (τ_b daną rzeczywistą dodatnią). Sformułowanie prowadzące do nierówności wariacyjnych [57] różni się nieco od obecnego, ale podobne rozważania jak w poprzednim rozdziale prowadzą do następującego systemu uwarunkowań:

$$[\boldsymbol{u}]_n \le 0, \quad s_n \le 0, \quad [\boldsymbol{u}]_n s_n = 0 \quad (6.16)$$
$$|s_t| \le \tau_b - s_n \tan\varphi$$
jeśli wtedy ($|s_t| = \tau_b - s_n \tan\varphi \; s_t = (\tau_b - s_n \tan\varphi)\operatorname{sgn}[\boldsymbol{u}]_t$ 6.17)

Jak już wcześniej powiedziano, powyższe sformułowanie nie ma żadnego mechanicznego sensu w przypadku "luki", tj. zgodnie z warunkiem (6.17), jeśli $s_n = 0$, $s_t \leq \tau_b \operatorname{sgn} s_t$ i oznacza to, że może ona nadal być różna od zera w odniesieniu do drugiej nierówności (6.17). Ale to jest sprzeczne z rzeczywistą sytuacją. Zaburzenie to będzie tłumione przez pomnożenie siły wiązania ścinającego przez $\tau_b\ \kappa(s_n)$, gdzie κ jest zmodyfikowana funkcja Heaviside'a zdefiniowana jako:

$$\kappa(s_n) = 0 \quad \text{dla} \quad s_n = 0$$
$$\kappa(s_n) = 1 \quad \text{dla} \quad s_n < 0$$

Warunki kontaktu są teraz odczytywane:

$$[\boldsymbol{u}]_n \leq 0\ s_n \leq 0, \qquad ,[\boldsymbol{u}]_n s_n = 0$$
$$| s_t | \leq \tau_b \kappa(s_n) - s_n \tan\varphi \qquad (6.18)$$
$$\text{jeśli wtedy} | s_t | = \tau_b \kappa(s_n) - s_n \tan\varphi\ s_t = (\tau_b \kappa(s_n) - s_n \tan\varphi) \operatorname{sgn}[\boldsymbol{u}]_t$$

Przypomnijmy, że ostatni system ograniczeń dla trakcji stykowych może zostać przekształcony jako warunki brzegowe Fischera-Signorini z włączonym tarciem Mohr-Coulomb ($\Gamma\ \kappa(s_n)$ musi zostać wprowadzony):

$$[\boldsymbol{u}]_n \leq 0\ s_n \leq 0, \quad , \quad [\boldsymbol{u}]_n s_n = 0$$
$$| s_t | \leq \tau_b \kappa(s_n) - s_n \tan\varphi \qquad (6.19)$$
$$s_t [\boldsymbol{u}]_t = 0 \quad (6.20)$$
$$| [\boldsymbol{u}]_t | \geq 0$$

Możemy teraz sformułować całkowitą energię systemu:

$$\Pi(\boldsymbol{u}, k_n, k_t) = \frac{1}{2} a_1(\boldsymbol{u}, \boldsymbol{u}) + \frac{1}{2} a_2(\boldsymbol{u}, \boldsymbol{u}) - \\ - \int_{\Omega_1} (\boldsymbol{\sigma}^1)^T \boldsymbol{\mu}^1\, d\Omega_1 - \int_{\Gamma} k_n ([\boldsymbol{u}]_n)^2\, d\gamma - \int_{\Gamma} (\tau_b [\boldsymbol{u}]_t - k_n [\boldsymbol{u}]_n [\boldsymbol{u}]_t \tan\varphi)\, d\gamma \qquad (6.21)$$

Należy pamiętać, że ostatni system ograniczeń dla trakcji stykowych może zostać rozszerzony. Równania zdefiniowane dla normalnych kierunków zakładają, że istnieje debet, jeżeli normalna trakcja na interfejsie jest ujemna, tzn. pojawia się napięcie. To założenie nie jest do końca realistyczne. Bardzo wiele materiałów jest w stanie wytrzymać, nawet jeśli trakcja rozciągania nie osiąga wytrzymałości na rozciąganie p_n^+ . Nie można mówić o dopuszczalnych rożkach, ale, powiedzmy, pseudo-dopuszczalnych rożkach. Poprawa w tym ostatnim znaczeniu pojawia się zarówno w normalnym, jak i stycznym kierunku na granicy Fischera-Signorini z tarciem Mohr-Coulomb na Γ. Zamiast s_n rozważać ($p_n^+ - s_n$ pamiętajmy, że s_n jest to negatywne, jeśli opisuje ściskanie i pozytywne, jeśli jest rozciąganie). Równanie (5.21) przechodzi do postaci:

$$[u]_n \le 0 \; p_n^+ - s_n \le 0, \quad , \quad [u]_n(p_n^+ - s_n) = 0$$
$$|s_t| \le (p_n^+ - s_n)\tan\varphi + \tau_b\kappa(p_n^+ - s_n)$$
$$|[u]_t| \ge 0 \qquad (6.22)$$
$$((p_n^+ - s_n)\tan\varphi + \tau_b\kappa(p_n^+ - s_n))[u]_t = 0$$

Całkowita energia systemu zapewnia:

$$\Pi(u,k_n,k_t) = \frac{1}{2}a_1(u,u) + \frac{1}{2}a_2(u,u) -$$
$$-\int_{\Omega_1} (\sigma^1)^T \mu^1 \, d\Omega_1 - \int_{\Gamma} k_n([u]_n)^2 \, d\gamma - \int_{\Gamma} ((p_n^+ - k_n)[u]_n \tan\varphi + \tau_b\kappa(p_n^+ - s_n))[u]_t \, d\gamma$$

(6.23)

6.5 *Analiza wartości granicznych*

Szczególnym przypadkiem prawa tarcia Coulomba jest analiza graniczna, która wyklucza wytrzymałość na ścinanie, która nie może być przekroczona. Tak jest na przykład w przypadku kruchego materiału. Aby utrzymać założenia stożków, wytrzymałość na rozciąganie jest zawsze zerowa. Ten warunek nie traci na ogólnikowości; porównaj (5.20), (5.22) i (5.21) z (5.23). Sformułowanie zawęża sformułowanie (5.17) i (5.18), w którym pomijamy jedynie siłę ścinającą τ_b. Należy zwrócić uwagę na argumenty omówione w poprzednim punkcie, które również prowadzą do wprowadzenia funkcji, aby κ wykluczyć nierealistyczną sytuację na styku, która umożliwia "lukę" (normalne trakcje są pozytywne i jednocześnie dopuszcza się poślizg). Sformułowanie to ponownie prowadzi do nierówności różnicowania. System ograniczeń może być wyrażony jako:

$$[u]_n \le 0, \qquad s_n \le 0, \qquad [u]_n s_n = 0 \qquad (6.24)$$
$$|s_t| \le \tau_b\kappa(s_n)$$

jeśli wtedy ($|s_t| \ge \tau_b\kappa(s_n)$ $s_t = \tau_b\kappa(s_n)\operatorname{sgn}[u]_t$ 6.25)

Przypomnijmy, że ostatni system ograniczeń w trakcji stykowej może zostać przekształcony jako warunki brzegowe Signorini z włączonym tarciem Mohr-Coulomba (Γ $\kappa(s_n)$ musi zostać wprowadzony):

$$[\boldsymbol{u}]_n \leq 0\ s_n \leq 0, \quad , \quad [\boldsymbol{u}]_n s_n = 0$$
$$|s_t| \leq \tau_b \kappa(s_n) \qquad |[\boldsymbol{u}]_t| \geq 0 \qquad s_t [\boldsymbol{u}]_t = 0 \tag{6.26}$$

Całkowita energia systemu jest następująca:

$$\Pi(\boldsymbol{u}, k_n, k_t) = \frac{1}{2} a_1(\boldsymbol{u}, \boldsymbol{u}) + \frac{1}{2} a_2(\boldsymbol{u}, \boldsymbol{u}) - \\ - \int_{\Omega_1} (\boldsymbol{\sigma}^1)^T \boldsymbol{\mu}^1 \, d\Omega_1 - \int_{\Gamma} k_n ([\boldsymbol{u}]_n)^2 \, d\gamma - \int_{\Gamma} \tau_b \kappa(s_n))[\boldsymbol{u}]_t \, d\gamma \tag{6.27}$$

6.6 *Kryterium Hoek-Brown*

W tym rozdziale postaramy się sformułować energię dwóch sąsiednich elementów w przypadku kontaktu Hoek-Brown. Podstawowe idee zostały podane w punkcie 5.6, dzięki czemu możemy natychmiast przejść do matematycznego sformułowania naszego problemu. Celem jest wyrażenie relacji na styku sąsiednich elementów w kierunku ścinania w rozumieniu koperty Hoek-Brown i rozszerzenie hipotezy Mohr-Coulomb jak:

$$|s_t| \leq \left(\frac{p_n^+ - s_n}{p_n^+ - p_c} \right)^{2\beta} (c - p_c \tan \varphi) \kappa (p_n^+ - s_n^{12})$$
$$\text{if } |s_t| = \left(\frac{p_n^+ - s_n}{p_n^+ - p_c} \right)^{2\beta} (c - p_c \tan \varphi) \kappa (p_n^+ - s_n^{12}) \text{ then} \tag{6.28}$$
$$s_t = \left(\frac{p_n^+ - s_n}{p_n^+ - p_c} \right)^{2\beta} (c - p_c \tan \varphi) \kappa (p_n^+ - s_n^{12}) \operatorname{sgn}[\boldsymbol{u}]_t$$

Warunki (6.28) można wyrazić w sensie Fischera-Somigliani i w kategoriach sztywności sprężynowej:

$$[\boldsymbol{u}]_{\mathrm{n}} \geq 0, k_{\mathrm{n}}[\boldsymbol{u}]_{\mathrm{n}} - p_{\mathrm{n}}^{+} \leq 0,\ [\boldsymbol{u}]_{\mathrm{n}}(k_{\mathrm{n}}[\boldsymbol{u}]_{\mathrm{n}} - p_{\mathrm{n}}^{+}) = 0 \qquad \text{directions : normal}$$

$$\left.\begin{aligned} &0 \leq \left(\frac{p_{\mathrm{n}}^{+} - k_{\mathrm{n}}[\boldsymbol{u}]_{\mathrm{n}}}{p_{\mathrm{n}}^{+} - p_{\mathrm{c}}}\right)^{2\beta} (c - p_{\mathrm{c}} \tan\varphi)\kappa(p_{\mathrm{n}}^{+} - s_{\mathrm{n}}) - |\, k_{\mathrm{t}}[\boldsymbol{u}]_{\mathrm{t}} \,|, |\, [\boldsymbol{u}]_{\mathrm{t}} \,| \geq 0, \\ &\left\{\left(\frac{p_{\mathrm{n}}^{+} - k_{\mathrm{n}}[\boldsymbol{u}]_{\mathrm{n}}}{p_{\mathrm{n}}^{+} - p_{\mathrm{c}}}\right)^{2\beta} (c - p_{\mathrm{c}} \tan\varphi)\kappa(p_{\mathrm{n}}^{+} - s_{\mathrm{n}})\right\} |\, [\boldsymbol{u}]_{\mathrm{t}} \,| = 0 \end{aligned}\right\} \text{tangential} \qquad (6.29)$$

Wówczas energia systemu z uwzględnieniem kryterium Hoek-Brown (6,29) wynosi

$$\begin{aligned} \Pi = \frac{1}{2}\sum_{\alpha=1}^{N} a_{\alpha}(\boldsymbol{u},\boldsymbol{u}) - \int_{\Gamma} \overline{\boldsymbol{p}}^{\mathrm{T}} \boldsymbol{u}\, \mathrm{d}\boldsymbol{x} \, - \\ - \sum_{\chi=1}^{n}\int_{\Gamma_{\beta}} \{(p_{\mathrm{n}}^{+})^{\chi} - k_{\mathrm{n}}^{\chi}[\boldsymbol{u}]_{\mathrm{n}}^{\chi}\}[\boldsymbol{u}]_{\mathrm{n}}^{\chi}\, \mathrm{d}\boldsymbol{x} \, - \\ - \sum_{\chi=1}^{n}\int_{\Gamma_{\beta}} \left\{\left(\frac{p_{\mathrm{n}}^{+} - k_{\mathrm{n}}^{\chi}[\boldsymbol{u}]_{\mathrm{n}}^{\chi}}{p_{\mathrm{n}}^{+} - p_{\mathrm{c}}}\right)^{2\beta} (c^{\chi} - p_{\mathrm{c}} \tan\varphi)\kappa(p_{\mathrm{n}}^{+} - s_{\mathrm{n}}^{\chi})\right\} |\, [\boldsymbol{u}]_{\mathrm{t}}^{\chi} \,|\, \mathrm{d}\boldsymbol{x} \end{aligned} \qquad (6.30)$$

gdzie jest to α χ liczba skończonych cząstek, które pokrywają całą domenę oraz liczba styków międzyfazowych łącznie z granicami zewnętrznymi, p są podane trakcje zewnętrzne na granicy zewnętrznej. Równanie (6.30) rozszerza poprzednie sformułowania energii, ponieważ warunki ostatniego kontaktu są uważane za najbardziej odpowiednie do praktycznego zastosowania.

Pozostaje wyrazić energię wewnętrzną, lub formę biliniczną, w kategoriach elementów granicznych, tj. pojedyncze równania całkowe muszą sformułować potrzebną energię. Zostało to omówione w następnym rozdziale.

7 ENERGIA WEWNĘTRZNA W ODNIESIENIU DO ELEMENTÓW GRANICZNYCH

Celem tego rozdziału jest sformułowanie zasad wariantowych w zakresie elementów granicznych. Słabe sformułowanie energii wewnętrznej prowadzi bezpośrednio do ostatecznego sformułowania elementu, [34]. Jak pokazano w [34], opis procesów deformacji wewnątrz każdego elementu jest opisany w sposób skomplikowany. Będziemy zatem starali się wyrazić wewnętrzną energię w tym przypadku w kategoriach elementów granicznych.

Konwencjonalnie, wprowadźmy układ współrzędnych $0x_1x_2$ 2D. Sformułowanie zasady wariancji w oparciu o zasadę minimalnej energii potencjalnej i przejęcie wewnętrznej energii z tego sformułowania byłoby bezużyteczne. Może być napisane w następującej formie:

$$\Pi(\boldsymbol{u}) = \frac{1}{2}\int_{\Omega} \sigma_{ij}(\boldsymbol{u})\varepsilon_{ij}(\boldsymbol{u})\,\mathrm{d}\Omega - \int_{\Gamma} \overline{p}_i u_i\,\mathrm{d}\Gamma \tag{7.1}$$

gdzie $\boldsymbol{u} \equiv \{u_1, u_2\}$, i $\boldsymbol{\varepsilon} \equiv \{\varepsilon_{ij}\}_{i,j=1,2}$ $\boldsymbol{\sigma} \equiv \{\sigma_{ij}\}_{i,j=1,2}$ są odpowiednio dopuszczalnym wektorem przemieszczenia, tensorem naprężenia, i tensorem naprężenia, $\overline{p}_i$ są składnikami określonych trakcji. Ilości z prętem są określone, Ω oznacza dopuszczalną powierzchnię (objętość w 3D), i Γ jest wystarczająco gładka granica Ω, $\Gamma = \Gamma_u \cup \Gamma_p$, $\Gamma_u \cap \Gamma_p = \varnothing$. Γ_u jest częścią granicy Γ, gdzie podano stałe przemieszczenia, i na Γ_p trakcji są określone. Poruszają się z tą częścią granicy zachowując swoje wartości i kierunki. Siły ciała są zaniedbane dla uproszczenia. Należy pamiętać, że z powodu równowagi, energia wewnętrzna jest równa energii zewnętrznej

$$\int_{\Omega} \sigma_{ij}(\boldsymbol{u})\varepsilon_{ij}(\boldsymbol{u})\,\mathrm{d}\Omega = \int_{\Gamma} \overline{p}_i u_i\,\mathrm{d}\Gamma \qquad (7.2)$$

Dla jednorodnego materiału rozpatrywanego ciała, twierdzenie Clapeyrona zamienia funkcjonalną (7.1) formę obejmującą tylko graniczne całki. W tej części proponuje się pewną poprawę dokładności równań całkowitych. W rzeczywistości, stosując twierdzenie Zielonych do funkcjonalnego (7.1), otrzymujemy

$$\Pi(\boldsymbol{u}) = \frac{1}{2}\int_{\Gamma_p} \overline{p}_i u_i\,\mathrm{d}\Gamma + \frac{1}{2}\int_{\Gamma_u} \overline{p}_i u_i\,\mathrm{d}\Gamma - \int_{\Gamma_p} \overline{p}_i u_i\,\mathrm{d}\Gamma \quad i = 1,2 \quad ,$$

(7.3)

Całość domenowa znika w ostatnim równaniu z powodu ważności równań równowagi (7.2). Ostatnie wyrażenie prowadzi do funkcjonalnego Π (lagrangijskiego), który ma nową, wyjątkowo integralną formę

$$\Pi(\boldsymbol{u}) = \frac{1}{2}\int_{\Gamma} u_i p_i\,\mathrm{d}\Gamma - \int_{\Gamma_p} \overline{p}_i u_i\,\mathrm{d}\Gamma \qquad (7.4)$$

Przybliżmy wektor przemieszczenia brzegowego i wektor trakcji jako

$$u_i(\boldsymbol{x}) = \Phi_{ij}(\boldsymbol{x})U_j, \quad p_i(\boldsymbol{x}) = \Psi_{ij}(\boldsymbol{x})P_j \quad \boldsymbol{x} \in \Gamma\ i, j = 1,2, \qquad (7.5)$$

gdzie i $\boldsymbol{\Phi}$ $\boldsymbol{\Psi}$ są matryce funkcji interpolacji (funkcje podstawowe) elementów granicznych u_i i p_i na ich granicy. Wektory i U_i P_i, ($i = 1,...,12$ jest 12 punktów węzłowych, sześć w x_1 kierunku i sześć w x_2 kierunku), są uporządkowane odpowiednio w przybliżeniu przemieszczeń i trakcji w wybranych granicznych punktach węzłowych. Metoda bezpośredniego elementu granicznego prowadzi do znanego równania macierzowego

$$A_{ij}U_j = B_{ij}P_j \qquad (7.6)$$

gdzie A_{ij} i B_{ij} są składnikami matryc kwadratowych 12×12. Co więcej, matryca $\boldsymbol{B}$ jest regularna. Faktycznie, jeśli przesunięcia ***u zostaną*** przepisane na całej granicy, trakcje są jednoznacznie określone. W związku z tym macierz $\boldsymbol{B}$ ma swoją odwrotność $\boldsymbol{B}^{-1}$ i alternatywne wyrażenie do (7.6) ma następujące brzmienie

$$P_i = B_{ij}^{-1} A_{jk} U_k = Z_{ik} U_k \tag{7.7}$$

Zastąpienie (7.6) i (7.5) do (7.4) plonów

$$\Pi(\boldsymbol{u}) = \frac{1}{2} K_{ij} U_i U_j - F_i U_i \tag{7.8}$$

gdzie

$$K_{ij} = \int_{\Gamma} \Phi_{ki}(\boldsymbol{x}) \Psi_{kj}(\boldsymbol{x}) \, \mathrm{d}\Gamma \; Z_{ji} \; F_i = \int_{\Gamma_p} \Phi_{ji}(\boldsymbol{x}) \overline{p}_j \, \mathrm{d}\Gamma, \quad . \tag{7.9}$$

Równania Eulera są uzyskiwane ze stanu stacjonarnego, który powoduje różnicowanie Π przez U_k

$$(K_{ik} + K_{ki}) U_k = F_i \; i,k = 1,...,12 \quad , \tag{7.10}$$

lub

$$K_{ik}^0 U_k = F_i .$$

Układ liniowy (7.10) jest podobny do dyskretnej zasady wirtualnych przemieszczeń stosowanej w metodzie elementów skończonych. Matryca $\boldsymbol{K}^0$ jest oczywiście symetryczna, ale różni się od tej uzyskanej w elementach skończonych.

8 DYNAMICZNA REAKCJA

Aby przebieg czasowy deformacji i zmian naprężeń był kompatybilny, konieczne jest uwzględnienie różnic czasowych, jak w przypadku ruchu cząstek powietrza. Co więcej, konieczne jest uwzględnienie równowagi dynamicznej w ciele stałym, która przejawia się w każdym elemencie dyskretyzacji środowiska stałego.

Zwróćmy teraz uwagę na bardzo ważny fakt, że w opisie warunków kontaktu w poprzednich rozdziałach podano, że współczynniki definiujące właściwości kontaktu są przyjmowane dla środowiska statycznego. W przypadku znacznych ruchów spowodowanych silnymi efektami dynamicznymi konieczna może być zmiana współczynników w zależności od przydatności zastosowania, co oznacza albo zmianę ich "wartości statycznych na dynamiczne", tzn. albo zmianę tylko ich wartości, albo nakazanie zmian czasowych zgodnie z dowolnym prawem nieliniowym z zakresu dynamiki strukturalnej. W tym ostatnim przypadku sytuacja może być bardzo skomplikowana. Jak na razie, jak to zostało potraktowane w tej książce, istnieją tylko dwa poziomy iteracji (przejście od aktualnego punktu czasowego do następnego, a następnie w tym momencie do "wewnętrznej" iteracji w ciele, która jest dynamicznie obciążona i wciąż zdegradowana w sensie uszkodzenia). W przypadku bardziej precyzyjnych założeń co do współczynników kontaktu konieczne będzie monitorowanie stanów chwilowych, które muszą być skoncentrowane głównie na zmianach czasowych kontaktu. Ostatnia opcja jest prawie nieznośnie skomplikowana i nieprzewidywalne trudności mogą wystąpić kosztem złożoności sformułowania w poszczególnych etapach cykli iteracyjnych.

8.1 *Reakcja dynamiczna jednego elementu*

Jeśli każdy element sześciokątny jest uważany za wystarczająco mały, można sformułować problem dynamiki masy bryłowej. Weźmy pod uwagę typowy element sześciokątny. Przypomnij sobie podstawowe właściwości problemu. Niech będzie to zbiór domen $\Omega_k, k = 1,...,n$, gdzie n jest liczbą nienakładających się na siebie elementów pokrywających oryginalną domenę opisującą całą strukturę, z odciętymi granicami $\Gamma_{kl}, l = 1,...,6$. W stanie niezdefiniowanym domena Ω_s jest wyposażona w lokalny układ współrzędnych $0x_1x_2$. Elastyczność jest zakładana w każdym elemencie sześciokątnym. Przywołać opis użytych zmiennych:

Przesiedlenia $\boldsymbol{u}^k(\boldsymbol{x},t) \equiv \{u_1^k(\boldsymbol{x},t), u_2^k(\boldsymbol{x},t)\}$,

szczepy $\varepsilon^k(\boldsymbol{x},t) \equiv \{\varepsilon_{11}^k(\boldsymbol{x},t), \varepsilon_{22}^k(\boldsymbol{x},t), \varepsilon_{12}^k(\boldsymbol{x},t)\}$,

i naprężenia $\sigma^k(\boldsymbol{x},t) \equiv \{\sigma_{11}^k(\boldsymbol{x},t), \sigma_{22}^k(\boldsymbol{x},t), \sigma_{12}^k(\boldsymbol{x},t)\}$,

Wszystkie są zależne od pozycji $\boldsymbol{x} \in \Omega^k$ i czasu t. W tym, co następuje, indeks k jest odrzucany dla uproszczenia. Teraz zamiast wektora ciężaru objętościowego $\boldsymbol{b}$ wprowadza się siły bezwładności D'Alemberta i zakłada się, że są one jednolite w całym elemencie, tak że można je uznać za skoncentrowane w środku ciężkości cząstki. Dynamiczna równowaga zostanie utworzona jako..,

$$\frac{\partial \sigma_{ij}(\boldsymbol{x},t)}{\partial x_j} = f_i(t) = \rho(\boldsymbol{x},t)\frac{\partial v_i^0}{\partial t}(\boldsymbol{x},t) \qquad v_i^0 = \frac{\partial u_i^0}{\partial t} \quad ,$$

(8.1)

gdzie v_i^0 jest prędkość i u_i^0 są to przesunięcia środka ciężkości wybranego sześciokąta w kierunku *i-tego*. Ponadto, niech przesunięcia, naprężenia i naprężenia będą równomiernie rozłożone wzdłuż międzyfazowych odcięć granicznych, a gęstość masy i siły D'Alemberta będą wyśrodkowane F_i w elementach. Uwzględnić element sześciokątny w czasie t = T. Sztywność elastyczna tensor, jednorodna i izotropowa charakteryzuje materiał elementu.

W następnym celu należy wpisać równanie macierzowe (7.10) jako:

$$\begin{bmatrix} \boldsymbol{K}_{11} & \boldsymbol{K}_{12} \\ \boldsymbol{K}_{21} & \boldsymbol{K}_{22} \end{bmatrix} \begin{pmatrix} [\boldsymbol{u}]_1 \\ [\boldsymbol{u}]_2 \end{pmatrix} = \begin{pmatrix} \boldsymbol{p}_1 \\ \boldsymbol{p}_2 \end{pmatrix} + \begin{pmatrix} \boldsymbol{M}_1 \\ \boldsymbol{M}_2 \end{pmatrix} + \begin{pmatrix} \boldsymbol{F}_1 \\ \boldsymbol{F}_2 \end{pmatrix} \tag{8.2}$$

Podskrypt 1 oznacza ilości w x_1 kierunku -, a indeks 2 opisuje ilości w kierunku -. x_2

Transformacje współrzędnych przeprowadzone w sekcji 4 są w pełni wykorzystane. Dzięki temu możemy skoncentrować naszą uwagę tylko na systemie $0x_1x_2$. Równania (8.2) zostaną rozszerzone na

$$\begin{pmatrix} p_1^{ik} \\ p_2^{ik} \end{pmatrix} + \begin{pmatrix} M_1^{ik} \\ M_2^{ik} \end{pmatrix} + \begin{pmatrix} F_1^{ik} \\ F_2^{ik} \end{pmatrix} = \begin{bmatrix} k_{11}^{ik} & k_{12}^{ik} \\ k_{21}^{ik} & k_{22}^{ik} \end{bmatrix} \begin{pmatrix} [u]_1^{ik} \\ [u]_2^{ik} \end{pmatrix} \tag{8.3}$$

Dekodując to drugie równanie macierzowe otrzymujemy dla aktualnego elementu i i jednego z sześciu sąsiadów k:

W x_1 kierunku w rozumieniu (8.3):

$$p_1^{ik} + M_1^{ik} = k_{11}^{ik}[u_1^k - u_1^i] + k_{12}^{ik}[u_2^k - u_2^i] - F_1^{ik}, \qquad k = 1,...,6 \quad (8.4)$$

a siły bezwładności są

$$F_1^{ik}(t) = \rho^{ik}\frac{\partial^2}{\partial t^2}u_1^{ik}(t) = \rho^{ik}\frac{\partial^2}{\partial t^2}[u_1^k(t) - u_1^i(t)] \; k = 1,...,6,$$
(8.5)

W x_2 kierunku w rozumieniu (8.3):

$$Q^{ik} + M_2^{ik} = k_{21}^{ik}[u_1^k - u_1^i] + k_{22}^{ik}[u_2^k - u_2^i] - F_2^{ik}, \qquad k = 1,...,6 \quad (8.6)$$

a siły bezwładności są

$$F_2^{ik}(t) = \rho^{ik}\frac{\mathrm{d}^2}{\mathrm{d}t^2}[u_2^k(t) - u_2^i(t)] \; k = 1,...,6,$$
(8.7)

Używając najprostszego schematu różnicowego (8.7) uzyskuje się plony:

$$F_j^{ik}(t) = \rho^{ik}\frac{u_j^k(t) - u_j^k(t-\Delta t) - u_j^i(t) + u_j^i(t-\Delta t)}{\Delta t}, j = 1,2 \tag{8.8}$$

Użycie (8.3) i (8.8) oraz zaniedbanie eigenparametrów następuje bezpośrednio po niektórych algebrach:

$$N^{ik} = \left(k_{11}^{ik} - \frac{\rho}{\Delta t} \right) [u]_1 + k_{12}^{ik} [u]_2 + \frac{\rho}{\Delta t} [u(t - \Delta t)]_1$$

$$Q^{ik} = \left(k_{22}^{ik} - \frac{\rho}{\Delta t} \right) [u]_2 + k_{21}^{ik} [u]_1 + \frac{\rho}{\Delta t} [u(t - \Delta t)]_2 \qquad (8.9)$$

a relacja między międzyfazowymi trakcjami granicznymi a aktualnymi przemieszczeniami jest określona przez (8.9), w zależności od przemieszczeń podanych w czasie, tzn $t - \Delta t$. wartości zjadanych z poprzedniego kroku czasowego.
Teraz można iść na dwa sposoby. Pierwszym z nich jest uśrednienie trakcji i umieszczenie wyniku w środku sześciokąta w celu uzyskania wyniku poziomego Q i pionowego V , patrz rys. 8.1.

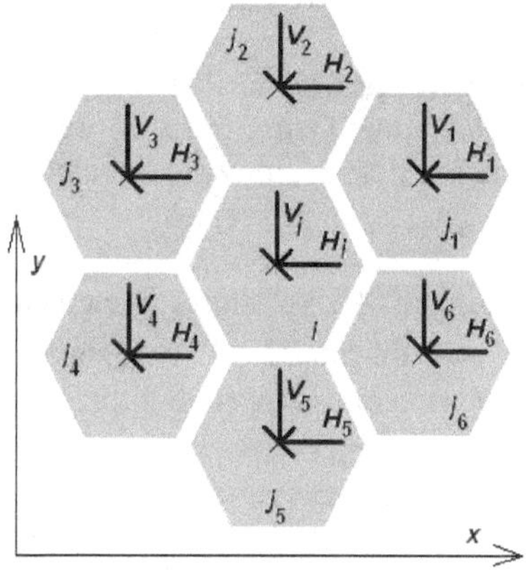

Rys. 8.1: Wynikające z tego siły działające w obecnym elemencie i w bliskim sąsiedztwie.

Ta para $\{\ \}\ H, V$ opisuje siły ciężaru objętościowego. Zaniedbując je, bez utraty ogólności, system dwóch równań dla dwóch niewiadomych i $[u]_1$ $[u]_2$ jest utworzony jako:

$$\sum_{k=j_1}^{j_6} \begin{bmatrix} \left(k_{11}^{ik} - \frac{\rho}{\Delta t} \right) & k_{12}^{ik} \\ k_{21}^{ik} & \left(k_{22}^{ik} - \frac{\rho}{\Delta t} \right) \end{bmatrix} \begin{pmatrix} [u^{ik}]_1 \\ [u^{ik}]_2 \end{pmatrix} = -\frac{\rho}{\Delta t} \sum_{k=j_1}^{j_6} \begin{pmatrix} [u^{ik}(t - \Delta t)]_1 \\ [u^{ik}(t - \Delta t)]_2 \end{pmatrix} \qquad (8.10)$$

Równania te opisują zależność pomiędzy skokami przemieszczeń na styku dwóch sąsiadujących elementów w czasie *t w* zależności od sytuacji w czasie o jeden krok wstecz. Ponownie, dla uproszczenia, stosuje się różnice wsteczne.

To uproszczenie dotyczące grudek eigenparametrów i sił bezwładności jest możliwe tylko przy założeniu, że cząstki są małe, tzn. ich liczba może być duża. Korzystając z tego ułatwienia (bardzo podobnego do klasycznego DEM, jako kodu przepływu cząstek), można również brać udział w jego tworzeniu. Ze względu na jasność wyjaśnień zostały one pominięte i wymienione w następnych akapitach.

Jak wspomniano powyżej, etapy czasowe są wyrażone w postaci skończonych różnic. W każdym kroku przeprowadzana jest iteracja nowych położeń elementów, tzn. układ równań pseudoeliptycznych rozwiązywany jest przez iterację. Nowy krok czasowy wynika następnie z wartości uzyskanych z tej ostatniej iteracji i warunków początkowych.

Dwa możliwe podejścia są do przyjęcia. Pierwsze jest bardzo proste, ale nie musi być wystarczająco dokładne. Oznacza to, że wartości w środkach odcięć granicznych są uśredniane i umieszczane w środku ciężkości każdego elementu. Można to wymienić w następujących pozycjach.

Niech w jakimś konkretnym kroku iteracji elementy $j_1,...,j_6$ pozostaną nieruchome. Jedynymi przesunięciami w tym momencie są przesunięcia elementu $i\,u_1^{ik},u_2^{ik}$ oraz przesunięcia bezpośrednio przylegające do niego. Reszta sześciokątów w domenie jest znana z poprzedniego kroku iteracyjnego. Tak więc siły sprężynowe w kierunku normalnym i stycznym spowodowane wektorem sztywności sprężyny $\{k_1^{ik},k_2^{ik}\}$ są związane z odpowiednimi przemieszczeniami w bieżącym kroku iteracji (od drugiej pochodnej przez czas uzyskuje się przemieszczenie międzyfazowe przy użyciu niektórych schematów różnicowych):

$$F_n^{ik} = k_n^{ik}[u_n^k - u_n^i] = k_n^{ik}\Delta_n^{ik}\; F_t^{ik} = k_t^{ik}[u_t^k - u_t^i] = k_t^{ik}\Delta_t^{ik} ,$$
(8.11)

gdzie F_n^{ik}, F_t^{ik} są teraz siły spowodowane różnicami wektorów przemieszczeń i $\{u_n^k,u_t^k\}$ $\{u_n^i,u_t^i\}$ w środkach ciężkości elementów oraz j_k i, gdzie sąsiadujące elementy są oznaczone jak poprzednio $j_k, k = 1,...,6$.

Jedyny problem pozostaje do rozwiązania: jak wyrażać k_x^{ik}, k_y^{ik} w kategoriach sztywności normalnej i stycznej. Należy pamiętać, że siły nacisku na rys. 8.1 są obliczane jako:

$N_{ki} = F_n^{ik} + F_y^g \sin\alpha_{ik}\ T_{ki} = F_t^{ik} + F_y^g \cos\alpha_{ik}$,
(8.12)

Zależności pomiędzy sztywnościami sprężynowymi zostały wyprowadzone w następnym paragrafie.

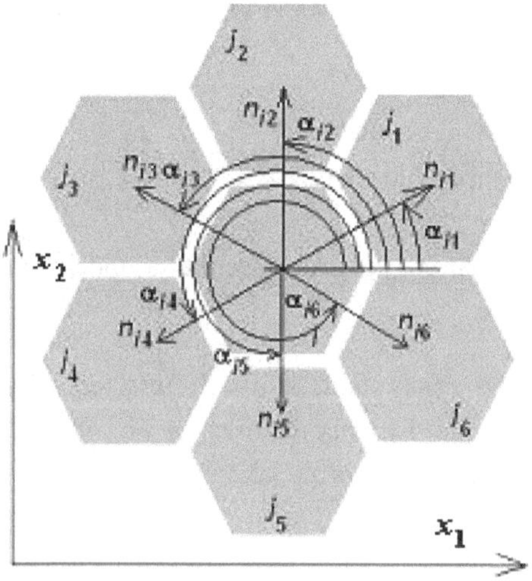

Rys. 8.2: Kąty normalności oraz x_1 kierunek i jego bliskie sąsiedztwo

8.2 *Sztywność sprężyny*

Głównym celem jest tu sformułowanie równań równowagi pomiędzy sąsiadującymi ze sobą elementami każdego elementu *i*, $i = 1, \ldots, n$, gdzie n to liczba elementów. Na podstawie tej równowagi należy określić przesunięcia środków i j_k *i* ewentualnie obroty φ_i każdego elementu. Przypomnijmy, że połączenie sąsiednich elementów jest generowane przez sprężyny o indeksie *i* (aktualny dysk) i *k* (j_k są to elementy sąsiadujące).

W sensie (8.11) równania fizyczne dla każdej pary sąsiednich elementów są sformułowane jako:

$$\begin{Bmatrix} F_n^{ik} \\ F_t^{ik} \end{Bmatrix} = \begin{bmatrix} k_n^{ik} & 0 \\ 0 & k_t^{ik} \end{bmatrix} \begin{Bmatrix} \Delta_n^{ik} \\ \Delta_t^{ik} \end{Bmatrix} + \begin{Bmatrix} \lambda_n^{ik} \\ \lambda_t^{ik} \end{Bmatrix} \tag{8.13}$$

gdzie F_n^{ik}, F_t^{ik} są siły normalne i styczne w sprężynach na styku elementu i i przy sztywności sprężyny j_k i k_n^{ik}, k_t^{ik} $(\lambda_n^{ik},\ \lambda_t^{ik})^{\mathrm{T}}$ jest wektorem naprężeń własnych (które mogą stanowić dodatkowe zachowanie plastyczne, dziedziczne problemy na styku, zmiany temperatury wypełniacza, itp), i $\Delta_s^{ik} = u_s^i - u_s^k, s = n, t$.

Niech odcięte między elementami j_k i i uwzględnione odcięte będą odchylone od osi x o kąt α_{ik}. Następnie zapisywana jest transformacja sił na 0xy układ współrzędnych:

$$\begin{Bmatrix} F_x^{ik} \\ F_y^{ik} \end{Bmatrix} = \begin{bmatrix} \cos\alpha_{ik} & -\sin\alpha_{ik} \\ \sin\alpha_{ik} & \cos\alpha_{ik} \end{bmatrix} \begin{Bmatrix} F_n^{ik} \\ F_t^{ik} \end{Bmatrix} = \boldsymbol{T}_{ik}^{\mathrm{T}} \begin{Bmatrix} F_n^{ik} \\ F_t^{ik} \end{Bmatrix} \tag{8.14}$$

gdzie znajduje się $\boldsymbol{T}_{ik}$ matryca przekształcenia, a indeks górny T oznacza transpozycję.

Przypomnij sobie dobrze znany fakt, który $\boldsymbol{T}_{ik}$ jest jednolity, to znaczy, że $\boldsymbol{T}_{ik}^{-1} = \boldsymbol{T}_{ik}^{\mathrm{T}}$. Ponieważ te same równania odnoszą się do przemieszczeń, poniższa zależność siły i przemieszczeń jest ważna jako:

$$\begin{Bmatrix} F_x^{ik} \\ F_y^{ik} \end{Bmatrix} = \boldsymbol{T}_{ik}^{\mathrm{T}} \begin{bmatrix} k_n^{ik} & 0 \\ 0 & k_t^{ik} \end{bmatrix} \boldsymbol{T}_{ik} \begin{Bmatrix} \Delta_x^{ik} \\ \Delta_y^{ik} \end{Bmatrix} + \begin{Bmatrix} \lambda_x^{ik} \\ \lambda_y^{ik} \end{Bmatrix} = \begin{bmatrix} k_{xx}^{ik} & k_{xy}^{ik} \\ k_{xy}^{ik} & k_{yy}^{ik} \end{bmatrix} \begin{Bmatrix} \Delta_x^{ik} \\ \Delta_y^{ik} \end{Bmatrix} + \begin{Bmatrix} \lambda_x^{ik} \\ \lambda_y^{ik} \end{Bmatrix} \tag{8.15}$$

gdzie

$$k_x^{ik} = k_n^{ik} \cos^2\alpha_{ik} + k_t^{ik} \sin^2\alpha_{ik}; \qquad k_y^{ik} = k_t^{ik} \cos^2\alpha_{ik} + k_n^{ik} \sin^2\alpha_{ik}$$

$$k_{xy}^{ik} = \frac{1}{2}(k_n^{ik} - k_n^{ik}) \sin 2\alpha_{ik}; \lambda_x^{ik} = \lambda_n^{ik} \cos\alpha_{ik} - \lambda_t^{ik} \sin\alpha_{ik}\ \lambda_y^{ik} = \lambda_n^{ik} \sin\alpha_{ik} + \lambda_t^{ik} \cos\alpha_{ik}; \tag{8.16}$$

Pozostaje do wyrażenia $\{H_i, V_i\}^{\mathrm{T}}$, patrz rys. 8.1. Oczywiście, że tak:

$$\begin{Bmatrix} H_i \\ V^i \end{Bmatrix} = \sum_{k=1}^{6} \begin{Bmatrix} F_x^{ik} \\ F_y^{ik} \end{Bmatrix} + \begin{Bmatrix} F_x^{i} \\ F_y^{i} \end{Bmatrix} + \begin{Bmatrix} 0 \\ F_y^{g} \end{Bmatrix} \tag{8.17}$$

Gdyby nie rozważano rotacji, powyższe formuły byłyby ważne bez poprawy i można rozpocząć obliczenia. Sumując siły w x_1 kierunku plonów z (8,9):

$$k_x^{ik}\Delta_x^{ik} + k_{xy}^{ik}\Delta_y^{ik} - \rho\frac{\mathrm{d}^2}{\mathrm{d}t^2}u_x^i(t) = k_x^{ik}[u_x^k - u_x^i] + k_{xy}^{ik}[u_y^k - u_y^i] - \rho\frac{\mathrm{d}^2}{\mathrm{d}t^2}u_x^i(t) = 0 \quad , \tag{8.18}$$

a równowaga w *kierunku y* wynika z (8.10):

$$k_{xy}^{ik}\Delta_x^{ik} + k_y^{ik}\Delta_y^{ik} - \rho\frac{\mathrm{d}^2}{\mathrm{d}t^2}u_y^i(t) = k_{xy}^{ik}[u_x^k - u_x^i] + k_y^{ik}[u_y^k - u_y^i] - \rho\frac{\mathrm{d}^2}{\mathrm{d}t^2}u_y^i(t) - \rho g = 0. \tag{8.19}$$

Te ostatnie równania mogą być ujednolicone do formy:

$$\frac{\mathrm{d}^2u_x^i}{\mathrm{d}t^2} + a_x^i u_x^i + a_{xy}^i u_y^i = b_x^i \quad \frac{\mathrm{d}^2u_y^i}{\mathrm{d}t^2} + a_y^i u_y^i + a_{yx}^i u_x^i = b_y^i, \quad . \tag{8.20}$$

W przypadku dopuszczalnych obrotów tarcz należy wprowadzić dodatkowe nieznane kąty opisujące obroty tarcz. Przypomnijmy, że należy poszukiwać trzech DOF (dwa przesunięcia u', v' i jeden kąt obrotu (ϕ') w 2D.

To twierdzenie zostanie uszczegółowione w następujących dokumentach. Rozwiązanie tego ostatniego równania jest znane jako:

$$w(t) = w_0\frac{\sin\omega\bar{\xi}}{\sin\omega} + w_1\frac{\sin\omega\xi}{\sin\omega}, \qquad \xi = \frac{t\text{-}t_0}{h},$$
$$\omega = h\sqrt{\frac{k_n}{m}}, \qquad \bar{\xi} = 1 - \xi \tag{8.21}$$

gdzie $h = t_1 - t_0$ jest krok czasowy, $w_0 = w(t_0)$, $w_1 = w(t_1)$, t_0 jest czas początkowy, t_1 jest czas w następnym kroku czasowym. W połowie przedziału czasu wartość przemieszczenia w i pierwszej pochodnej w czasie t *wyprowadza* się jako:

$$w_{\frac{1}{2}} = w(\xi = \tfrac{1}{2}) = \frac{w_0 + w_1}{2\cos\frac{\omega}{2}}, \quad \frac{\mathrm{d}}{\mathrm{d}t}w_{\frac{1}{2}} = \frac{\omega(w_1 - w_0)}{2h\sin\frac{\omega}{2}} \tag{8.22}$$

Z równań (8.21) i (8.22) wynika ważny szacunek związany z krokiem czasowym h: $h \leq \frac{\pi}{2}\sqrt{\frac{m}{k_n}}$. Jedyny kłopotliwy punkt pozostaje dla $k_n \to 0$. Następnie z równania rządzącego wynika relacja liniowa i w konsekwencji prędkość jest stała. To jest zgodne z prawem D'Alemberta. Ta ostatnia nierówność prowadzi nas również do tego, że w przypadku dużej kary k_n nie można oczekiwać żadnych różnic w przemieszczeniach ze względu na siły bezwładności, a także wykluczone jest na przykład ewentualne przenikanie jednego elementu do drugiego w kontakcie.

Stosując dobrze znany wzór przybliżony dla drugiej pochodnej i powyższe wzory przybliżone otrzymujemy:

$$\frac{\mathrm{d}^2}{\mathrm{d}t^2} w(\xi = \tfrac{1}{2}) = \frac{1}{4h^2}[w(\xi = 1) - 2w(\xi = \tfrac{1}{2}) + w(\xi = 0)] \tag{8.23}$$

który jest wyraźnym wzorem do obliczania $w(\xi = 1)$. Po zastosowaniu projekcji wektorowej do układu współrzędnych otrzymuje się wynikowy ruch. W tym momencie środek ciężkości elementu jest przesuwany, zakładając, że zdeformowane ciało jest sztywne.

8.3 *Dodatkowe siły dynamiczne wewnątrz cząstek o stałych Sąsiedztwo*

Dodatkowe siły dynamiczne muszą być dodane do składu statycznego. Jak powiedziano powyżej, masa bryłowa jest rozpatrywana w środku ciężkości każdego elementu. Dzięki temu założeniu sytuacja jest uproszczona i w związku z tym obliczanie niezbędnych liczb całkowitych zostaje usunięte. Całości objętościowe mogą być również obliczane za pomocą bardzo podobnego procesu realizowanego przez ideę sił Eshelby'ego. Nie jest to uproszczenie, ale możliwe podejście do wyrażania całek objętościowych, które są wyższego rzędu jedynkami. Dekodowanie równań (8.16) daje plony

$$
\begin{aligned}
&\sum_{j=1}^{6}(K_{ij}^{s11} + k_{11}^{sj}\delta_{ij})u_1^{sj} + (K_{ij}^{s12} + k_{12}^{sj}\delta_{ij})u_2^{sj} = \\
&= k_{11}^{si}u_1^{is} + k_{12}^{si}u_2^{is} + V_1^{si} + Q_1^{si}, \\
&\sum_{j=1}^{6}(K_{ij}^{s21} + k_{21}^{sj}\delta_{ij})u_1^{sj} + (K_{ij}^{s22} + k_{22}^{sj}\delta_{ij})u_2^{sj} = \\
&= k_{21}^{si}u_1^{is} + k_{22}^{si}u_2^{is} + V_2^{si} + Q_2^{si} \qquad \mathrm{i} = 1,\ldots,6
\end{aligned}
\tag{8.24}
$$

który jest układem 12 równań dla 12 niewiadomych przemieszczeń, sześciu w kierunku x_1 - i sześciu w kierunku x_2 -. System ten jest zawsze rozwiązywany w kroku iteracyjnym, tzn. sąsiadujące elementy są uważane za stałe, a wartość przemieszczeń jest pobierana z poprzedniego kroku.

8.4 *Algorytm udziału czasu w DEM*

Cykl obliczeniowy rozpoczyna się na pierwszym poziomie algorytmu, tj. w pozycji wyjściowej elementów w nowym punkcie czasowym. Z tej pozycji wyjściowej, istnieje drugi poziom, który jest pseudo-statyczny i iteruje relacje deformacji w każdym elemencie na styku sąsiednich elementów, gdzie powtarzające się stosowanie prawa ruchu do każdej cząstki i prawa siły-przemieszczenia jest wymagane na każdym styku. Styki, które istnieją pomiędzy sąsiadującymi elementami są tworzone, łączone i rozłączane automatycznie w wyniku określonego algorytmu podczas symulacji. Na początku każdego kroku, zestaw styków jest aktualizowany ze znanych pozycji cząstek. Następnie do każdego kontaktu stosuje się prawo wymuszonego przemieszczenia, aby zaktualizować siły kontaktowe w oparciu o względny ruch obu podmiotów na styku i model konstytutywny kontaktu. Ponadto do każdej cząstki stosuje się prawo ruchu, które aktualizuje jej prędkość i pozycję w oparciu o wynikową siłę i moment wynikający z sił kontaktu i wszystkich sił ciała działających na cząstkę. Obliczone rozwiązanie pozostanie stabilne tylko wtedy, gdy krok czasowy nie przekroczy krytycznego kroku czasowego:

$$
t_{\mathrm{crit}} = \min\{\sqrt{m/k^{\mathrm{n}}}\} \tag{8.25}
$$

gdzie i k^{n} k^{s} są przeciętne sztywności normalne i ścinające, m jest masą cząsteczki.

Krytyczny krok czasowy nie może być przekroczony dla każdej cząstki oddzielnie do każdego stopnia swobody. Ostatni krytyczny krok czasowy jest uważany za minimum wszystkich krytycznych kroków czasowych obliczanych dla wszystkich stopni swobody wszystkich cząstek.

Jeżeli globalnym układem współrzędnych jest $0x_1x_2$, to w każdej cząstce musi być spełnione równanie na ruch translacyjny i może być zapisane w postaci wektorowej:

$$F_i = m(\ddot{x}_i - g_i), \qquad i = 1,2 \qquad (8.26)$$

gdzie F_i są siły wynikowe, suma wszystkich zewnętrznych sił działających na cząstkę w kierunku -tym, i m jest całkowitą masą cząstki, $\ddot{x}_i$ jest przyspieszeniem i jest g_i wektorem przyspieszenia siły ciała (np. obciążenia grawitacyjnego). Przyspieszenie tłumaczenia jest obliczane jako:

$$\ddot{x}_i^t = \frac{1}{\delta t}(\dot{x}_i^{t+\delta t/2} - \dot{x}_i^{t-\delta t/2}), \qquad (8.27)$$

Wstawienie tych prędkości do równań dla ruchów i rozwiązanie go dla prędkości w czasie skutkuje $(t + \delta t/2)$:

$$m[(\dot{x}_i^{t+\delta t/2} - \dot{x}_i^{t-\delta t/2})/\delta t - g_i] = F_i^t \qquad (8.28)$$

Wreszcie, prędkości są wykorzystywane do aktualizacji położenia środka cząstek:

$$\dot{x}_i^{t-\delta t/2} = (x_i^t - x_i^{t-\delta t})/\delta t, \qquad \dot{x}_i^{t+\delta t/2} = (x_i^{t+\delta t} - x_i^t)/\delta t \qquad (8.29)$$

gdzie x_i są współrzędne węzłów przesuniętych w czasie t.

Naszym celem jest obliczenie nowych pozycji węzłów w każdej cząstce. W tym celu konieczne jest przeprowadzenie transformacji współrzędnych z globalnych i lokalnych układów współrzędnych, jak opisano w punkcie 6, aby uzyskać m.in. (8.24). Należy zauważyć, że w przeciwieństwie do PFC równowaga sił jest osiągana na granicy cząstek. Siły bezwładności muszą być obliczane na podstawie ruchów.

8.5 *Schemat obliczeniowy dla iteracji czasu*

W tym czasie t znamy przemieszczenia x_i^t i te same ilości w poprzednim etapie czasowym $x_i^{t-\delta t}$. Z tego też jest znany F_i^t. Stosując dawne siły i przyrost czasu ładowania otrzymujemy $x_i^{t+\delta t} \equiv x_i^T$. Z algorytmu, o którym mowa powyżej.

Korzystając z drugiego wzoru (8.29), $\dot{x}_i^{T+\delta t/2}$ zaraz potem. Aby uzyskać nowe siły bezwładności ze znanej iteracji zależnej od pozycji, [6], można ustalić domyślną iterację zależną od czasu. Ponieważ liczba stopni swobody może być bardzo duża, do obliczania przyspieszeń w czasie T F_i^t wykorzystywane są siły. Oznacza to, że (8.28) jest stosowany w rozumieniu wspomnianego założenia:

$$m[(\dot{x}_i^{T+\delta t/2} - \dot{x}_i^{T-\delta t/2}) / \delta t - g_i] = F_i^t, \tag{8.30}$$

a nowe prędkości cząstek $\dot{x}^{T+\delta t/2}$ są dostępne z poprzednich formuł. Ponieważ nowe pozycje węzłów x_i^T są znane z iteracji pozycji. Pierwsza relacja (8.28) dostarcza

$$\dot{x}_i^{T-\delta t/2} = (x_i^T - x_i^t) / \delta t .$$

Teraz $F_i^{t+\delta t} \equiv F_i^T$ można uzyskać z (8.27) ustawienia i $t + \delta t := T + \delta t$ $t - \delta t := T - \delta t$. Aktualizując wszystkie cząstki, iteracja położenia może brać udział zgodnie z [6].

9 PRZYKŁADY

9.1 *Tunel prostokątny*

Badania nad rozwojem czasu w strukturze tunelu podziemnego w wyniku obciążenia wybuchowego prowadzone są w następujący sposób. Najpierw można pominąć siły ciężaru objętościowego b_i, ponieważ tylko niewielka część skały mechanicznie współpracuje z okładziną tunelu, co oznacza, że efekt nadkładu jest albo symulowany jako obciążenie wzdłuż górnej części domeny opisującej całą skałę systemową - okładzinę tunelu, albo też można pominąć wpływ nadkładu, głównie w przypadku uwzględniania płytkich tuneli. W tym sensie siły V^{sj} obejmują tylko efekty dynamiczne. Nie chodzi o to, aby szczegółowo opisać etapy rozwoju czasu, które opierają się na skończonych różnicach badanych w trzecim rozdziale. Wzory na to są dokładnie takie same jak te stosowane dla PFC i innych podobnych odrębnych kodów elementów. Oznacza to, że rotacja cząstek jest tłumiona, ponieważ jest to spowodowane głównie nieregularnym kształtem cząstek, por. [2-4]. Dla kompletności warto zauważyć, że jeśli rotacja ma być rozważana w systemie równowagi, można zastosować bardzo podobną procedurę jak wprowadzona w [1]. Prawo D'Alembertowskie wymaga, a podstawowe prędkości relacji - ruchu opierają się na najprostszym szablonie w każdym elemencie s z sąsiadami $j = 1,...,6$.

$$(V_1^{sj})^t = \frac{\rho_s}{6}\sum_{j=1}^{6}(\ddot{u}_1^{sj})^t,\quad (V_2^{sj})^t = \frac{\rho_s}{6}\sum_{j=1}^{6}(\ddot{u}_2^{sj})^t \qquad (9.1)$$

gdzie $(\boldsymbol{V}^{sj})^t \equiv \{(V_1^{sj})^t,(V_2^{sj})^t\}$ jest średnią wektora siły bezwładności w elemencie $\boldsymbol{s}$, ρ_i jest gęstością masy cząstki, $(\ddot{\boldsymbol{u}}^{sj})^t \equiv \{\ddot{u}_1^{sj})^t,(\ddot{u}_2^{sj})^t\}$ jest średnią przyspieszenia, a górny wskaźnik t oznacza moment czasowy. Równanie dla przyspieszenia kątowego (gdy jest stosowane) oblicza się jako: $M_s = I_s\dot{\omega}_s$ gdzie I jest biegunowy moment bezwładności cząstki, $\dot{\omega}_s$ to przyspieszenie kątowe. Przyspieszenie jest obliczane jako:

$$(\ddot{\boldsymbol{u}}^{sj})^t = \{\frac{1}{\delta t}[(\dot{\boldsymbol{u}}^{sj})^{t+\delta t/2} - (\dot{\boldsymbol{u}}^{sj})^{t-\delta t/2}]\} \quad ,$$

(9.2)

gdzie $(\dot{\boldsymbol{u}}^{sj})^t$ jest prędkość środka granicy dla cząstek s będących w kontakcie z cząstką w j czasie t. Wreszcie prędkości mogą być wykorzystane do powiązania średnich ruchów cząstki:

$$(\boldsymbol{u}^{sj})^{t+\delta t} = (\boldsymbol{u}^{sj})^t + (\dot{\boldsymbol{u}}^{sj})^{t+\delta t/2}\delta t \qquad (9.3)$$

Zgodnie z powyższymi wprowadzonymi wyrażeniami całki objętościowe nie $(\boldsymbol{V}^{sj})^t$ muszą być w ogóle obliczane, a w pozostałych całkach objętościowych można zastosować trik Eshelby. $(\boldsymbol{Q}^{sj})^t \equiv \{(Q_1^{sj})^t,(Q_2^{sj})^t\}$

Właściwości materiału są wprowadzone jako: granitowe materiały skalne pozostają stabilne wewnątrz cząstek i są standardowo nadawane przez moduły przyjęte dla elastyczności liniowej: Moduł Younga $E = 38 \times 10^9$ N/m2, gęstość masy = ρ 2100 kg/m3, współczynnik Poissona 0 $\nu =$,17, właściwości okładziny betonowej: $E = 14 \times 10^9$ N/m2, ρ = 2250 kg/m3, $\nu = 0{,}16$, kąt tarcia wynosi 35^0, wytrzymałość na rozciąganie wynosi 1,26 10^6 $\times$ N/m2, a wytrzymałość na ścinanie 0,37 10^6 $\times$ N/m2. Zakłada się, że skała nie ulegnie uszkodzeniu; przemieszczenia i różnice naprężeń nie są przenoszone z betonu na skałę.

Na Rys. 7 przedstawiono geometrię problemu wraz z cząstkami regularnymi ustawionymi do obliczeń. Całkowita ilość cząstek w naszym problemie wynosi 3800, z tej ilości 1400 określa skałę, 300 pokrywa okładzinę, a 2100 jest określonych w powietrzu. Średnica wewnętrzna każdej cząstki wynosi 0,10 m. Wysokość przestrzeni powietrznej wynosi 2,2 m, grubość okładziny betonowej 0,5 m, a grubość warstwy współdziałającej skały 1 m. Obciążenie nadkładu wynosi 10 MPa. Krok czasowy jest wprowadzany o wartość 0,1 ms. Można to uznać za wystarczająco rozsądne przybliżenie. Ładunek umieszczony symetrycznie w wolnej przestrzeni ma masę $q = 50\,\text{kg}$ TNT.

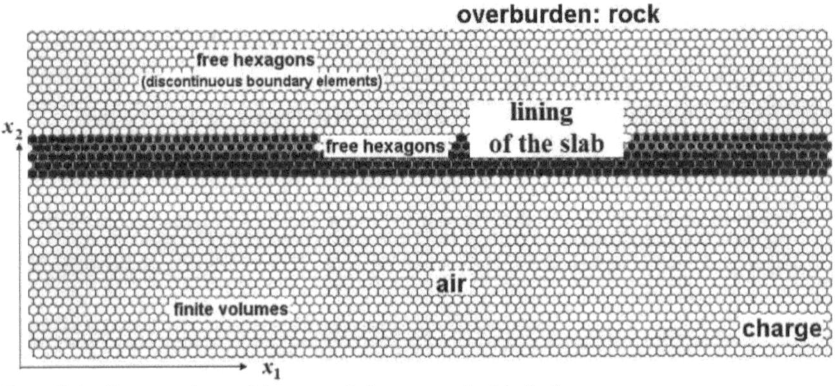

Rys. 9.1: Geometria parkingu podziemnego i układ ziaren.

Warunki początkowe są wprowadzone dla zmiennych stanu w $t = 0$:

$$\rho = \rho^0\; v_1 = v_1^0, ,\quad v_2 = v_2^0,\quad p = p^0$$

gdzie indeks górny null oznacza określone funkcje pozycji.

Warunki brzegowe:

Wzdłuż pionowych granic zewnętrznych: $.u_1 = v_1 = 0 \frac{\partial p}{\partial x_1} = 0$. . powietrze.

$u_1 = v_1 = 0$ . . $t_2 = 0$ .struktura

Wzdłuż dolnej granicy zewnętrznej: $u_2 = v_2 = 0, \quad ... \frac{\partial p}{\partial x_2} = 0$ powietrze

$u_2 = v_2 = 0$ . . $t_1 = 0$ .struktura

Wzdłuż górnej granicy zewnętrznej: $t_2 = \sigma_0 \ , t_1 = 0$

Granica międzyfazowa: $u_2^a = u_2^s \, v_2^a = v_2^s, \quad , \mu^a \frac{\partial v_1^a}{\partial x_1} = \mu^s \frac{\partial v_1^s}{\partial x_1}$

W powyższym zapisie t_1, t_2 są trakcje graniczne, górny indeks a oznacza powietrze, a górny indeks s odnosi się do struktury, μ jest lepkością dynamiczną. Ponieważ lepkość dynamiczna gazu jest mała w porównaniu z lepkością struktury, prawa strona tego ostatniego równania jest mała i może być uznana za nieistotną. To pozwala nam pisać

$\frac{\partial v_1^s}{\partial x_1} = 0$ Zamiast tego.

Ruchy w powietrzu w przecięciu nad ładunkiem po 0,1 ms widoczne są na rys. 9.2, wraz z ich wektorami. Na poniższych zdjęciach pokazano tylko pionowe wycięcie wokół ładunku.

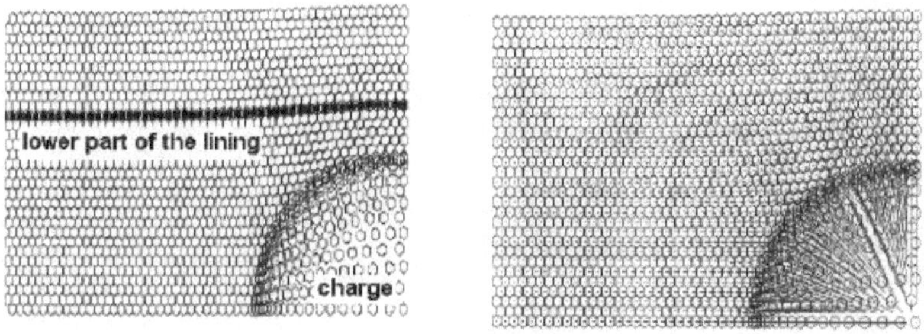

Rys. 9.2: Ruchy cząsteczek w odległości 0,1 m.

Na rysunkach 9.3 i 9.4 ruch cząsteczek jest pokazany odpowiednio w 0,5 i 1,8 ms.

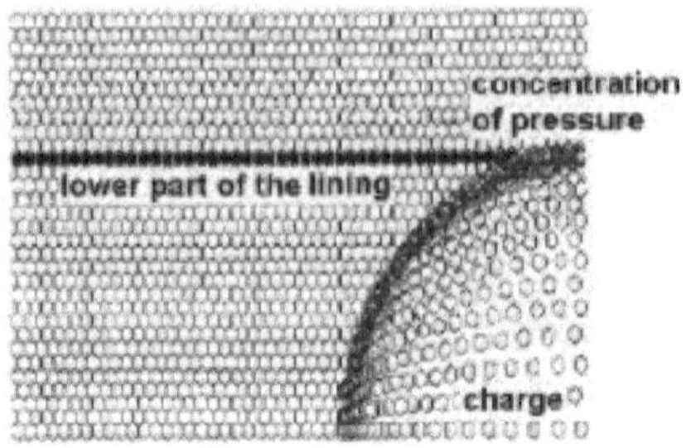

Rys. 9.3: Ruchy cząsteczek w ciągu 0,5 ms.

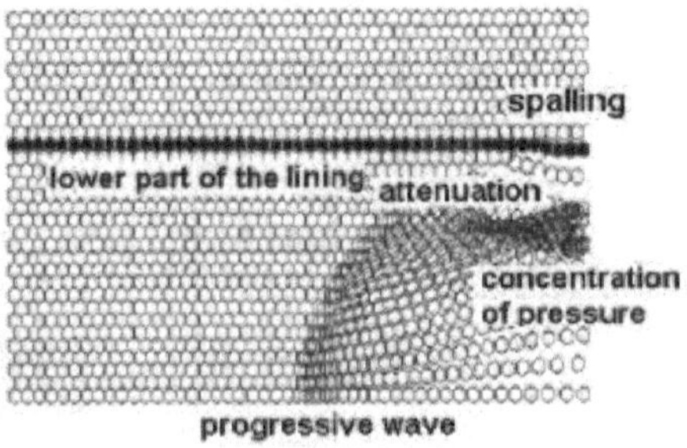

Rys. 9.4: Ruchy cząsteczek w ciągu 1,8 ms.

Na rys. 9.4 pokazano, że fala uderzeniowa jest przecięta w konstrukcji betonowej i powoduje uszkodzenia ścinające nad źródłem detonacji. W stanie opisanym na rys. 9.4. występuje tłumienie powietrza w miejscu, w którym w poprzednim okresie czasu stwierdzono uszkodzenie na skutek ścinania, a teraz część materiału betonowego jest wyrwana i następuje wykruszanie.

Rozkład nadciśnienia na wykładzinie nad ładunkiem jest przedstawiony na następnym rysunku Rys. 9.5.

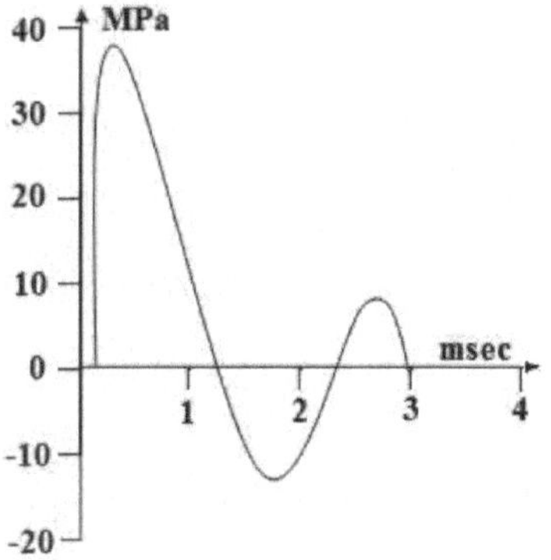

Rys. 9.5: Widmo nadciśnienia na dolnej granicy wykładziny nad ładunkiem.

9.2 *Parking podziemny*

Geometria i warunki innego przykładu są podobne do poprzedniego, ale przy tych samych parametrach detonacji, konstrukcja jest wyższa i jest podparta słupami. W związku z tym struktura płyty jest również grubsza. Geometria problemu jest ponownie wyznaczona przez odcinek parkingu podziemnego, Rys. 9.6.

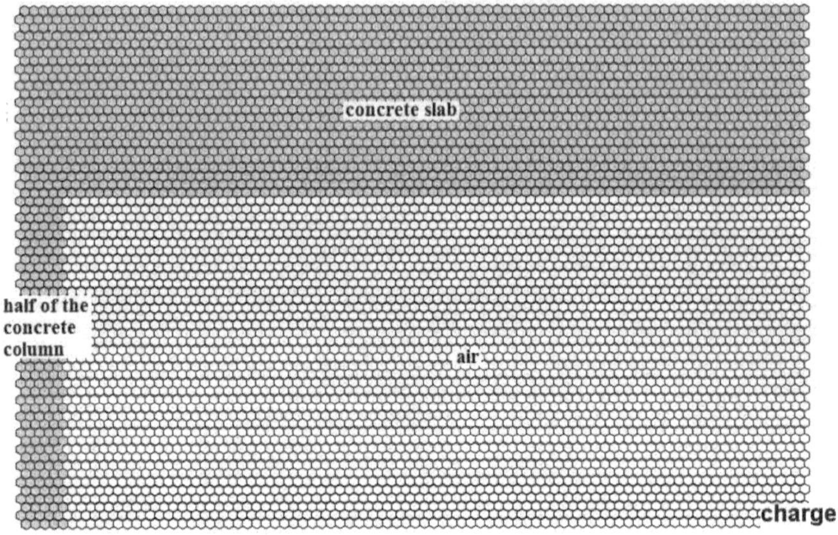

Rys. 9.6: Geometria parkingu podziemnego i układ ziaren.

Cała dziedzina ponownie składa się z podregionów powietrznych i stałych; oba są geometrycznie zbliżone do siebie za pomocą regularnej sześciokątnej siatki. Średnica koła każdego sześciokąta jest równa 10 cm. Liczba elementów w kierunku poziomym wynosi 85 (80 to powietrze, 5 to połowa słupa), pionowym 63 elementy (40 to przybliżona powierzchnia powietrza, a 23 to powierzchnia płyty betonowej). Całkowite wymiary badanej dziedziny są następujące: 8 $\times$ 3,5 m^2 to powierzchnia powietrza, szerokość słupa 1 m, płyta ma grubość 2 m, a jej połowa ma długość 8 m. W tym przypadku jest to ponownie parking podziemny, który jest badany w kierunku podłużnym; płyta jest podparta innymi słupami, których wpływ jest zaniedbywany ze względu na zwykłą okresowość. Schemat ten ma na celu monitorowanie wpływu wybuchu na konstrukcję, ale nie ma na celu oceny nośności. Te same warunki detonacji zostały przyjęte, aby umożliwić porównanie z poprzednim przykładem.

Na rys. 9.7 pokazano stan na 0,8 ms, gdy fala uderzeniowa dotrze do granicy międzyfazowej konstrukcji betonowej i spowoduje ruch w obszarze styku. Poniższe rysunki, rysunki 9.8-9.10, pokazują ewolucję nadciśnienia nad źródłem eksplozji w skali czasu. Na Rys. 9.11, widmo nadciśnienia w tym samym miejscu wskazuje, że wartości krytyczne są znacznie mniejsze niż w poprzednim przykładzie. W tym przypadku jest to prawie wyłącznie uszkodzenie ścinające w konstrukcji powyżej ładunku.

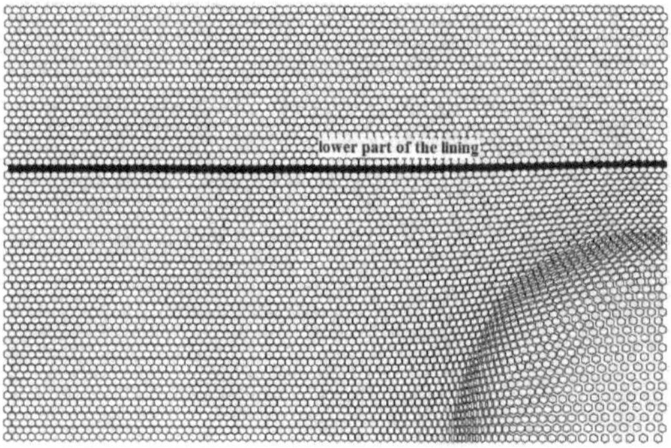

Rys. 9.7: Ruchy cząsteczek w ciągu 0,8 ms.

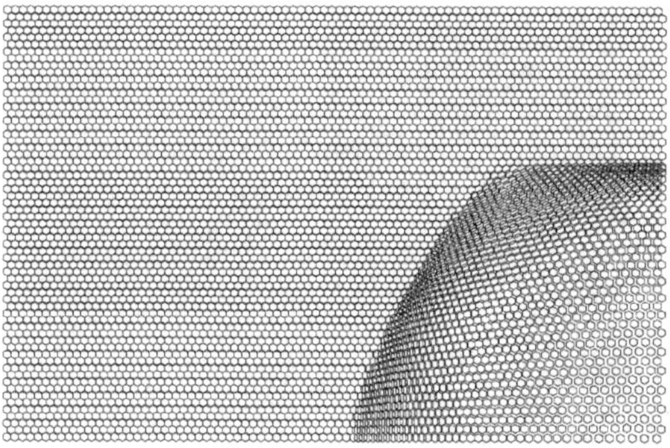

Rys. 9.8: Ruchy cząstek w ciągu 1,7 ms.

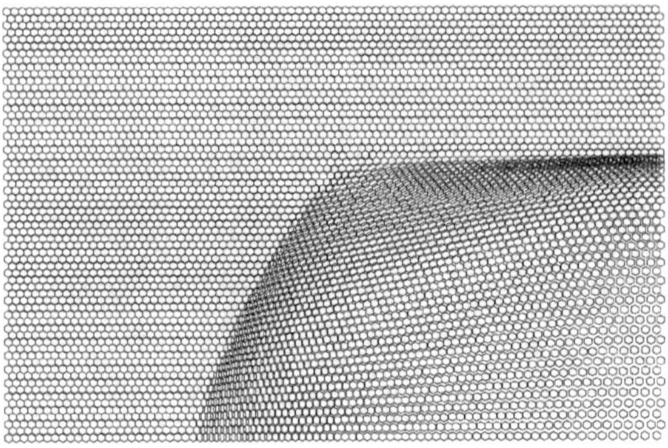

Rys. 9.9: Ruchy cząstek w ciągu 2,2 ms.

Rys. 9.10. Ruchy cząsteczek w ciągu 3 ms.

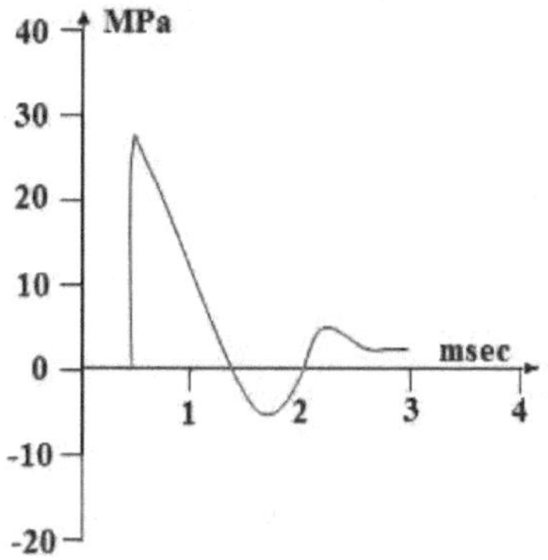

Rys. 9.11: Widmo nadciśnienia na dolnej granicy wykładziny nad ładunkiem.

9.3 *Tunel cylindryczny*

Przypomnijmy sobie podstawowe równania rządzące problemem wybuchu w wolnej przestrzeni wewnątrz cylindrycznego tunelu.

Wraz z badaniem propagacji i ciśnienia spowodowanego eksplozją w rurze, wygodniejsze wydaje się wprowadzenie w jej miejsce cylindrycznych współrzędnych. $0r\theta z$ Niewiadome są teraz ρ $\{u_r, u_\theta, u_z\}$, składowe prędkości , p i e. Dla wygody układ równań zachowawczych we współrzędnych cylindrycznych zostanie powtórzony z punktu 7.2:

$$
\begin{aligned}
&\frac{\partial \rho}{\partial t}+\frac{1}{r}\frac{\partial(\rho r u_r)}{\partial r}+\frac{1}{r}\frac{\partial(\rho u_\theta)}{\partial \theta}+\frac{\partial(\rho u_z)}{\partial z}=0\\
&\rho\left(\frac{\partial u_r}{\partial t}+u_r\frac{\partial u_r}{\partial r}+\frac{u_\theta}{r}\frac{\partial u_r}{\partial \theta}+u_z\frac{\partial u_r}{\partial z}-\frac{u_\theta^2}{r}\right)=-\frac{\partial p}{\partial r}\\
&\rho\left(\frac{\partial u_\theta}{\partial t}+u_r\frac{\partial u_\theta}{\partial r}+\frac{u_\theta}{r}\frac{\partial u_\theta}{\partial \theta}+u_z\frac{\partial u_\theta}{\partial z}+\frac{u_r u_\theta}{r}\right)=-\frac{1}{r}\frac{\partial p}{\partial \theta}\\
&\rho\left(\frac{\partial u_z}{\partial t}+u_r\frac{\partial u_z}{\partial r}+\frac{u_\theta}{r}\frac{\partial u_z}{\partial \theta}+u_z\frac{\partial u_z}{\partial z}\right)=-\frac{\partial p}{\partial z}\\
&\frac{\partial e}{\partial t}+\frac{1}{r}\frac{\partial[(e+p)u_r]}{\partial r}+\frac{1}{r}\frac{\partial[(e+p)u_\theta]}{\partial \theta}+\frac{\partial[(e+p)u_z]}{\partial z}=0
\end{aligned}
\tag{9.4}
$$

Ponieważ środkowe położenie ładunku i geometria problemu zapewniają symetrię względem z - osi (poziomej), brak zależności współrzędnych kątowych pozwala na θ uproszczenie tych ostatnich równań dla niewiadomych ρ, $\{u_r,, u_z\}$, p e:

$$\begin{aligned}
&\frac{\partial \rho}{\partial t}+\frac{1}{r}\frac{\partial(\rho r u_r)}{\partial r}+\frac{\partial(\rho u_z)}{\partial z}=0\\
&\rho\left(\frac{\partial u_r}{\partial t}+u_r\frac{\partial u_r}{\partial r}+u_z\frac{\partial u_r}{\partial z}\right)=-\frac{\partial p}{\partial r}\\
&\rho\left(\frac{\partial u_z}{\partial t}+u_r\frac{\partial u_z}{\partial r}+u_z\frac{\partial u_z}{\partial z}\right)=-\frac{\partial p}{\partial z}\\
&\frac{\partial e}{\partial t}+\frac{1}{r}\frac{\partial[(e+p)u_r]}{\partial r}+\frac{1}{r}\frac{\partial[(e+p)u_\theta]}{\partial \theta}+\frac{\partial[(e+p)u_z]}{\partial z}=0
\end{aligned} \qquad (9.5)$$

Powyższy system czterech równań dla pięciu niewiadomych jest uzupełniony przez

$$p=(\gamma-1)e+\frac{1}{2}\rho\left[(\frac{\partial u_r}{\partial t})^2+(\frac{\partial u_z}{\partial t})^2\right] \qquad (9.6)$$

gdzie $\gamma=1.4$jest wykładnikiem procesu adiabatycznego.

Na rys. 9.12 przedstawiono widok z przodu siatki o skończonej objętości. Ponieważ równania nie są zależne od współrzędnych obręczy θ, w obliczeniach bierze się pod uwagę tylko zacienione cięcie. Z drugiej strony, widok z boku na rys. 9.13 pokazuje pełną dyskretyzację domeny powietrznej.

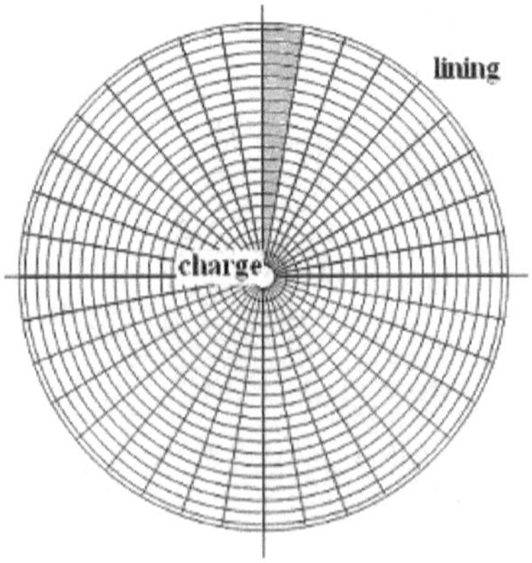

Rys. 9.12: Widok z przodu dyskretnej domeny powietrznej

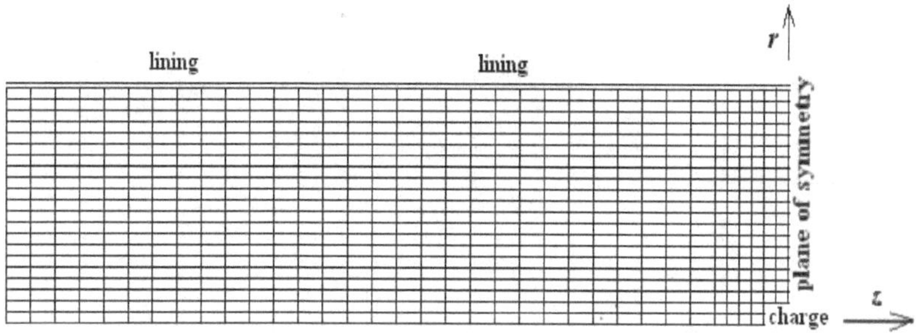

Rys. 9.13: Widok z boku zdyskredytowanego powietrza z położeniem okładziny

W związku z tym, rozwiązanie jest teraz realizowane na prostokątnej siatce zdefiniowanej w $0rz$ układzie współrzędnych. Problem jest oczywiście niezależny od współrzędnych obręczy θ.

Wyniki liczbowe nie zostały tu wprowadzone, ponieważ są bardzo podobne do przekroju prostokątnego, patrz rys. 6-10. Należy pamiętać, że w tym przypadku tworzenie siatki jest bardzo łatwe, choć można założyć różne rozmiary cząstek. Na przykład, prostokątne łaty można łatwo zdefiniować, a połączenie z sąsiednimi łatami opiera się wtedy na właściwościach geometrycznych (odległości między elementami).

9.4 *Głęboki tunel górski*

Wprowadza się tu uproszczenie polegające na tym, że właściwości materiałowe okładziny skalnej i betonowej są jednolite i podane w sposób standardowy przez moduły zapewniające sprężystość liniową: $E = 208 \times {}^{109}$ N/m2, $\rho = 2100$ kg/m3, $\nu = 0{,}16$.

Na rys. 9.14 przedstawiono geometrię problemu wraz z ustawieniem cząsteczek do poszczególnych obliczeń. Liczba cząstek w naszym problemie wynosi 1453; wzdłuż *osi x* zakłada się symetrię, wzdłuż *osi y* także symetryczne warunki brzegowe. Ponieważ grawitacja została ustawiona na długo przed stanem, w którym oceniana jest struktura, nie trzeba odejmować ruchów od tych obliczonych w stanie pierwotnym. Dlatego przesunięcia pionowe są prawie nieistotne, podczas gdy w sąsiedztwie twarzy obserwuje się znaczące ruchy, co widać na następnych zdjęciach. W celu uzyskania wyników, które są synoptyczne, ruchy w powietrzu nie są przedstawiane.

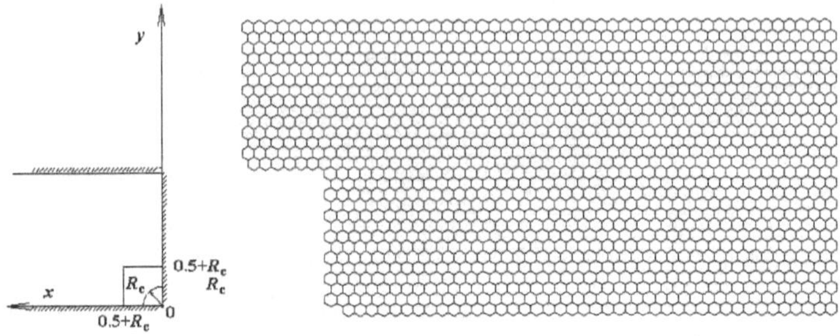

Rys. 9.14: Geometria ustawionych ziaren parkingowych i sześciokątnych.

Na kolejnych zdjęciach po lewej stronie przedstawiony jest rozkład przemieszczonych cząstek, a po prawej stronie taki sam jak wektory przemieszczeń. Poszczególne elementy są pokazane w stanie niezdeformowanym w celu rozróżnienia koncentracji naprężeń lub przeskoków w przesunięciach (deboncie).

Poniższe ilustracje przedstawiają przemieszczenia i ich wektory w stanie niezdeformowanym (po prawej). Pierwszy stan ruchu cząstek obliczany jest w czasie 0,01 s, a wyniki roztworu widoczne są na rys. 9.15. Ciśnienie pochodzące z wybuchu koncentruje się w osi symetrii, tj. na przecięciu *osi x* i czoła tunelu. Na zdjęciach widoczne są znaczne przesunięcia w poziomie i mały podnośnik w kierunku pionowym.

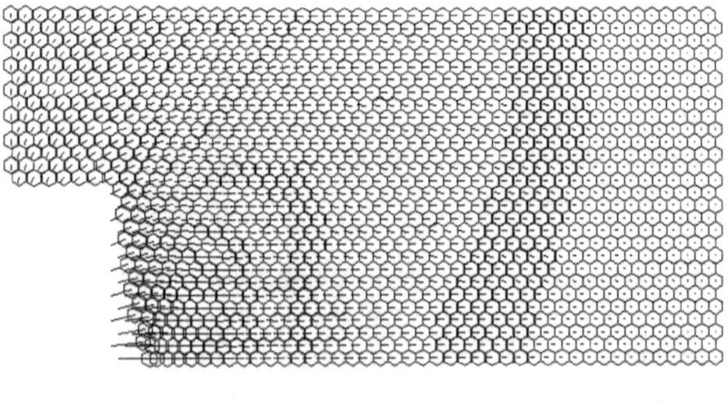

Rys. 9.15: Ruch cząstek po 0,01 sek.

Po kolejnych 0,02 sekundy rozwoju ciśnienia wybuchu większa część twarzy jest dotykana przez wybuch i koncentracja ciśnienia rozkłada się wzdłuż twarzy.

Na rys. 9.16 przedstawiono tę sytuację, z której widać, że większe przemieszczenia występują wzdłuż dłuższej części twarzy.

Na rys. 9.17 sufit tunelu podnosi się wyraźniej, a ruchy poziome są bardzo rozległe. Ciśnienie rozprzestrzenia się na sufit i ścianę przednią, która jest bezpośrednio dotknięta wybuchem. Co więcej, zaczyna obowiązywać ruch z powrotem na osi symetrii. Zjawisko to pojawia się w całości na Rys. 18, gdzie opór skały powoduje ruch wsteczny. Proces ten może być kontynuowany aż do lokalnego uszkodzenia okładziny betonowej tunelu lub osiągnięcia stanu stabilnego.

Tutaj badana jest tylko reakcja ściany i sufitu w tunelu, a efekt rozchodzenia się uderzających fal w powietrzu jest brany z innych badań, [1-2]. Wzajemny wpływ rozprzestrzeniania się w powietrzu oraz na ścianę boczną i sufit nie jest brany pod uwagę i będzie tematem następnych rozważań. Wydaje się, że z powodu różnych procesów zastosowanie pipingu lub algorytmów rozkładu czasowego będzie bardzo obiecujące.

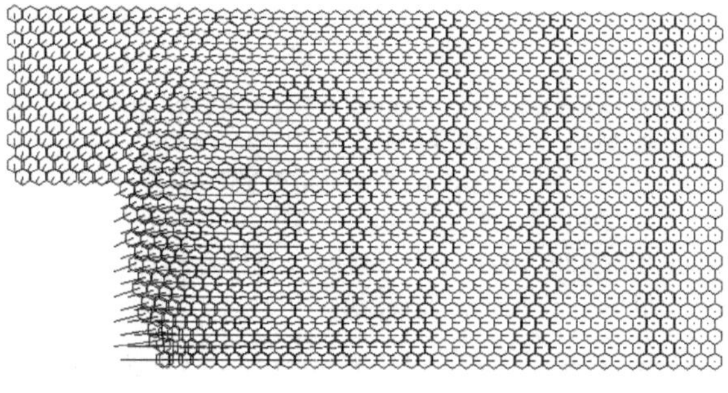

Rys. 9.16: Ruch cząstek po 0,03 sek.

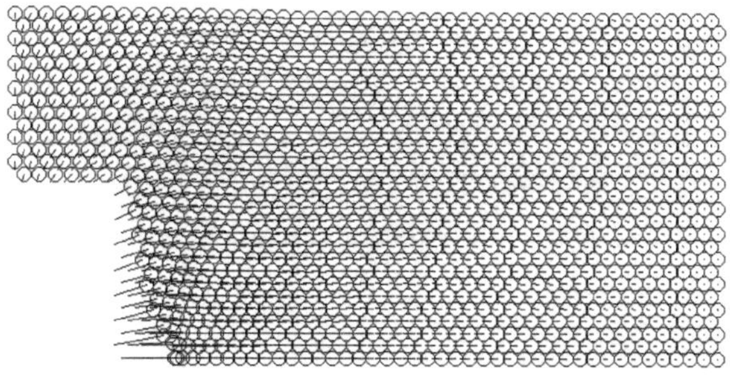

Rys. 9.17: Ruch cząstek po 0,08 sek.

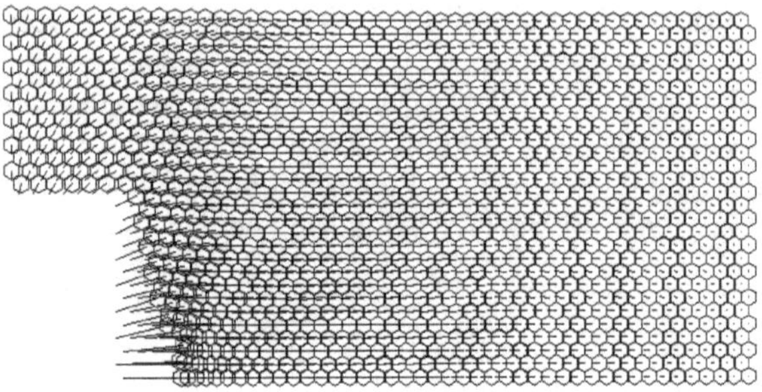

Rys. 9.18: Ruch cząstek po 0,15 sek.

9.5 *Choroba Peyronie'ego*

Usuwając lub lepiej poprawiając złe warunki niektórych wad wewnątrzpochodnych, takich jak choroba Peyronie'ego (PD), kamica górnych dróg moczowych i inne, terapia falami uderzeniowymi była z powodzeniem stosowana w ciągu ostatnich kilkudziesięciu lat. Zmienne zachowawcze w obowiązujących równaniach obejmują gęstość masy ρ $\boldsymbol{v}$, wektor prędkości, pędy $\rho\boldsymbol{v}$ $\boldsymbol{B}$, pola magnetyczne i całkowitą gęstość energii E. W poniższych równaniach symbol ⊗ oznacza produkt barwnikowy. Reszta to ciśnienie termiczne i ciśnienie cieczy $p = (\gamma - 1)(E - \frac{1}{2}\rho\boldsymbol{v}^2 - B_p)$ $B_p = (B_x^2 + B_y^2 + B_z^2)/2$, ciśnienie magnetyczne oraz suma ciśnienia całkowitego $p_{tot} = (p + B_p)$. Stosunek ciepła właściwego $\frac{c_P}{c_V}$ oznaczany jest γ c_P izobarycznym, izobarycznym i c_V izochorycznym ciepłem właściwym.

Równania hydrodynamiczne Magneto opisujące propagację fal uderzeniowych są sformułowane jako,

$$
\begin{aligned}
&\frac{\partial \rho}{\partial t} + \nabla.(\rho \boldsymbol{v}) = 0, \\
&\frac{\partial (\rho \boldsymbol{v})}{\partial t} + \nabla.(\rho \boldsymbol{v} \otimes \boldsymbol{v} - \boldsymbol{B} \otimes \boldsymbol{B}) + \nabla p_{\mathrm{tot}} = 0, \\
&\frac{\partial \boldsymbol{B}}{\partial t} + \nabla.(\boldsymbol{v} \otimes \boldsymbol{B} - \boldsymbol{B} \otimes \boldsymbol{v}) = 0, \\
&\frac{\partial E}{\partial t} + \nabla.(E.\boldsymbol{v} + p_{\mathrm{tot}}.\boldsymbol{v} - \boldsymbol{B}(\boldsymbol{B}.\boldsymbol{v})) = 0
\end{aligned}
\tag{9.7}
$$

Ponieważ powyższy układ równań jest silnie nieliniowy (głównie z powodu nieliniowości energii kinetycznej), zaleca się wykonanie wersji linearnej w procesie iteracji,

$$
\frac{\partial \boldsymbol{V}}{\partial t} + \boldsymbol{A}_1 \frac{\partial \boldsymbol{V}}{\partial x_1} + \boldsymbol{A}_2 \frac{\partial \boldsymbol{V}}{\partial x_2} + \boldsymbol{A}_3 \frac{\partial \boldsymbol{V}}{\partial x_3} = \boldsymbol{0} \tag{9.8}
$$

gdzie to ostatnie równanie jest ważne w układzie współrzędnych i $0x_1x_2x_3$ $\boldsymbol{V} = \{\rho, v_1, v_2, v_3, B_1, B_2, B_3, p\}$. Matryce ***Ai*** zawierają tylko współczynniki liniowe otrzymane z poprzedniej iteracji.

Powyższe równania obowiązujące w cieczy i w ciele ludzkim są połączone z równaniami w fazie stałej - tablica. Uszkodzenia zmęczeniowe ubytków można wyrazić metodą elementów brzegowych nieciągłych, głównie za pomocą "styków miękkich", czyli zestawu sprężyn łączących sąsiadujące ze sobą cząstki, patrz następne zdjęcia, na których pokazana jest np. geometria dwóch sąsiadujących ze sobą sześciokątnych cząstek wraz z trzema możliwymi kształtami (sześciokąty, cegły).

Zmęczenie jest ważne dla relacji,

$N^2 + 4Q^2 \le k_0$ to znaczy. $(k_n[u]_n)^2 + 4k_t[u]_t)^2 \le k_0.$, $k_n = k_{n0}(1+[u]_n)^s$

gdzie N, Q są trakcje normalne i ścinające, odpowiednio, k_n $[\boldsymbol{u}]_n$ oraz k_t, gdzie są $[\boldsymbol{u}]_t$ sztywności sprężynowe i skoki w kierunku normalnym i stycznym, wszystko to odpowiednio, wzdłuż granic międzyfazowych. Granicą zmęczenia jest k_0, a wartością odniesienia dla normalnej sztywności sprężyny jest k_{n0} i s jest stopień prawa parabolicznego. Sztywność sprężyny w kierunku normalnym spełnia prawo paraboliczne w zależności od skoków normalnych w przemieszczeniach. Oczywiście, współczynniki zależne od czasu to sztywności sprężynowe, stany graniczne i rozwój nieliniowych zmian materiałowych wewnątrz każdej z cząstek.

Do tej pory kilka problemów zostało rozwiązanych metodą elementu granicznego nieciągłego. Rozwój uszkodzeń tablicy jest krótko opisany w poniższych punktach. Przykład numeryczny jest zgodny z litotrysterem MEDILIT 7 umieszczonym w Centralnym Szpitalu Wojskowym w Pradze. Składa się on z części reflektora półellipsoidalnego z pierwszym ogniskiem, w którym umieszczona jest iskra, a w odniesieniu do definicji elipsoidy elektrony emitowane z tej iskry są skupione w drugim ognisku F_2, w którym znajduje się obiekt docelowy (tablica). Obciążenie udarowe jest wyśrodkowane w tablicy w F_2 trzecim stopniu rozkładu; ponadto s w powyższych wzorach jest równe $\frac{1}{2}$, a granica zmęczeniowa wynosi MPa. $k_0 = 6$

Aparat służący do terapii usuwania kamieni ze sztywnych płytek widoczny jest na rys. 9.19. Uciążliwa wada jest identyfikowana z ogniskiem F_2, to znaczy, że pacjent jest ustawiony w taki sposób, że wada wewnątrzpochodna spotyka się z ogniskiem F_2, a przy ognisku F_1 znajduje się źródło fal. Fale są napędzane do ubytku fale są napędzane do ubytku przez obrotowe pół-eliptyczne urządzenie odblaskowe.

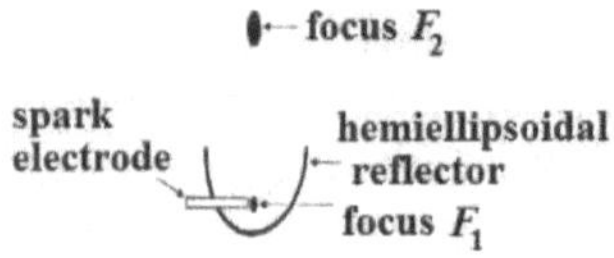

Rys. 9.19: Schemat działania urządzenia głównego

Poniższe zdjęcia przedstawiają rozwój uszkodzeń w typowo wybranej geometrii i właściwościach płytki.

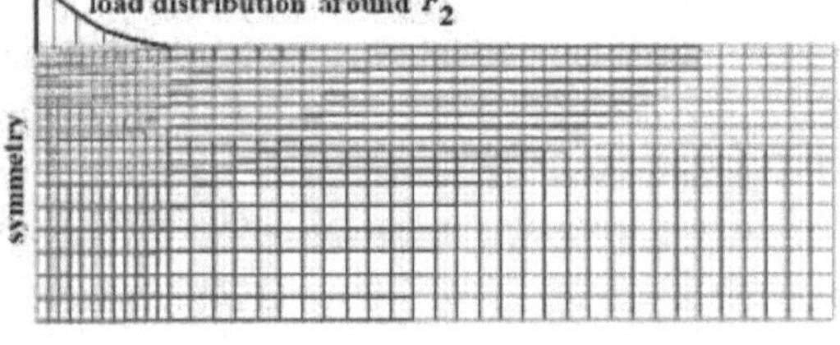

Rys. 9.19: Liczba uderzeń wynosi 100

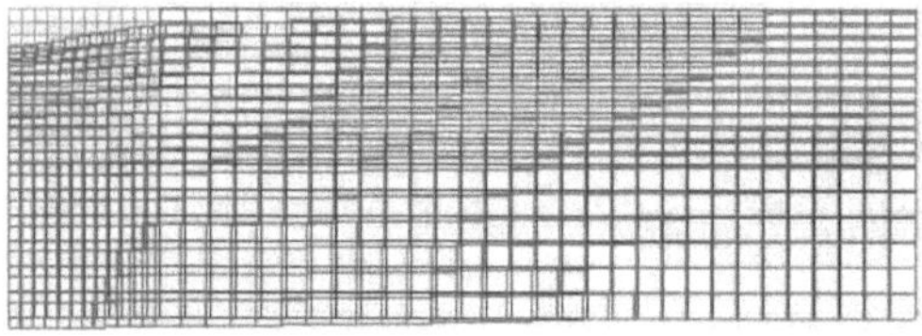

Rys. 9.20: Liczba uderzeń wynosi 500

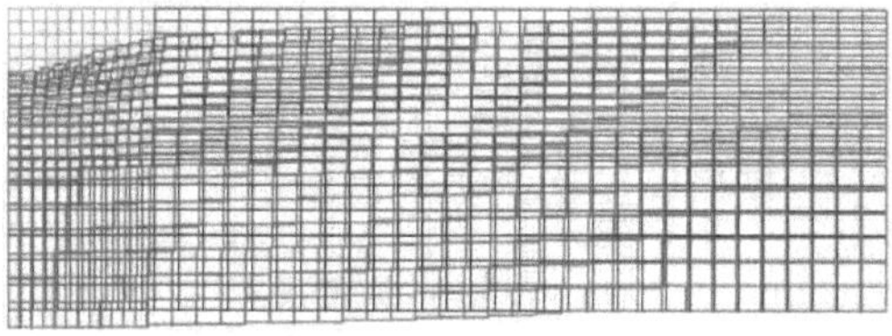

Rys. 9.21: Liczba uderzeń wynosi 1000

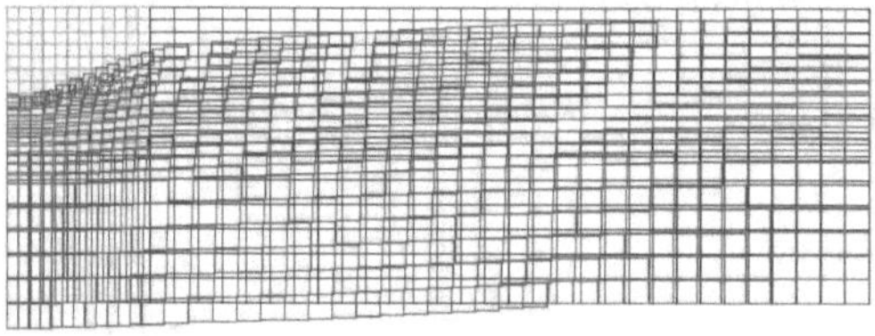

Rys. 9.22: Liczba uderzeń wynosi 1500

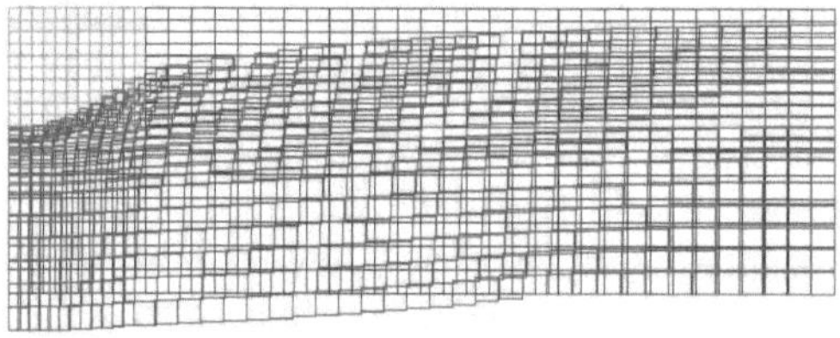

Rys. 9.23: Liczba oddziaływań to 2000

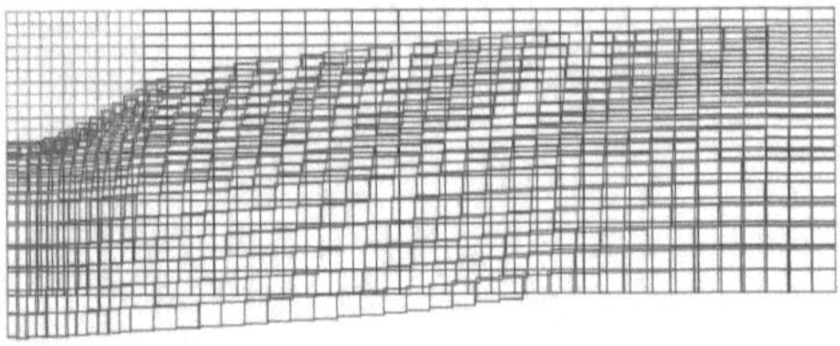

Rys. 9.24: Liczba uderzeń wynosi 2500

Interesujące mogłoby być wykazanie pewnych rezultatów leczenia PD osiągniętych do dziś. Porównanie krzywizny zestawu pacjentów przed i po zastosowaniu zabiegu przedstawia poniższy wykres, z uwzględnieniem ilości emitowanej energii. Z wartości i wykresu niektórych zainteresowanych, statystycznie zauważalne wyniki są oczywiste: im wyższa emisja energii, tym lepszy sukces jest osiągany. Nie oznacza to, że nadal decydująca jest liczba fal uderzeniowych, ich natężenie i inne parametry. Wynika z tego, że gdyby uwzględniono pewne dodatkowe parametry projektowe, wyniki mogłyby być prawdopodobnie jeszcze bardziej pozytywne; osiągnięcie takich parametrów należy do celów następnych badań.

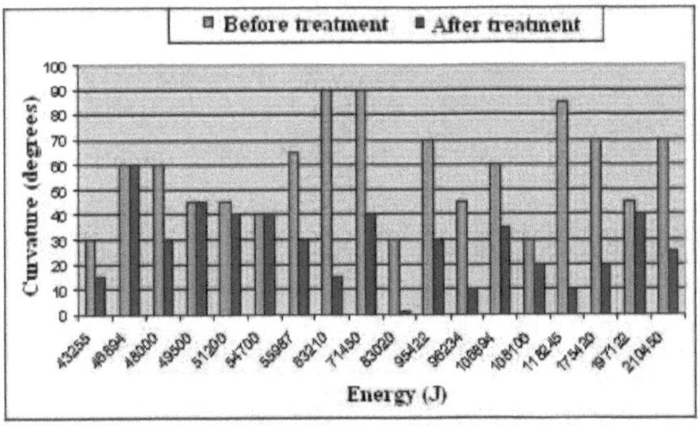

Na koniec przedstawiamy kilka typowych elementów brzegowych w następnym przeglądzie dwuwymiarowych sześciokątów z najbliższym otoczeniem, dwuwymiarowy zakrzywiony prostokąt, trójwymiarową cegłę i trójwymiarowy pryzmat trapezowy. Te dwa ostatnie przypadki mogą być również stosowane w przypadku problemów dwuwymiarowych.

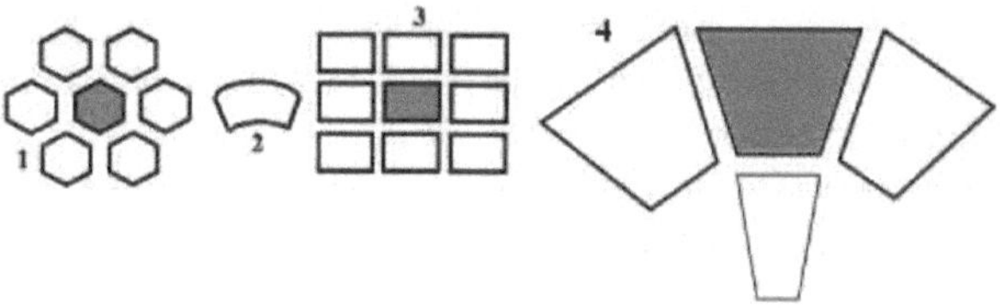

REFERENCJE

Karinski YS, Feldgun VR, Racah E, Yankelevsky DZ. Zjawisko łodygi Macha dla ukształtowanych przeszkód zakopanych w ziemi. Adv Engng Soft 2016;101:98-105.

[2] Mitu M, Giurcan V, Razus D, Prodan M, Oancea D. Wskaźniki rozprzestrzeniania się wybuchów metanu-powietrza w zamkniętych naczyniach. J Loss Prevent Process Ind 2017;47:110-119.

3] Mitra M, Brandes E, Hirsch W. Wpływ na dane dotyczące charakterystyki bezpieczeństwa wybuchu mieszanin etanolu i powietrza w zamkniętym zbiorniku. Środowisko bezpieczeństwa procesowego Prot 2018;117:190-199.

Edrl I, Feldgun VR, Karinski YS, Yankelevsky DZ. Przy analizie ciśnienia wybuchu z powodu częściowo ograniczonego wybuchu: efekt dopalenia. Int. J. Protect Struct 2012;3(3):311-332.

Cioca IL, Moraru RI. Metodologia oceny ryzyka wybuchu i/lub pożaru: wspólne podejście ustrukturyzowane dla środowisk podziemnych kopalń węgla. Archiwum Nauk Górniczych 2012;57(1):53-60.
Haramy KY, metodologia Brady'ego BT.A do określania uszkodzeń mas skalnych in situ. Raport wewnętrzny Biura ds. Kopalń. Denver, CO, USA 1995.
[7] Haramy KY, Magers JA, McDonnel JP. Górnictwo pod silnym dachem. W: 7th Int conf on ground control in Mining Nureau of Mines, Denver, USA 1992:179-194.
[8] Podręcznik metodologiczny dla arkuszy projektowych jednostopniowych efektów podmuchu (SBEDS). US Army Corps of Engineers ® PDC TR-06-01 Rev. 1, 2008.
9] Luccioni BM, Luege M. Betonowa płyta chodnikowa pod obciążeniem wybuchowym. Int J Impact Engng 2006;32(8):1248-1266.
[10] Schenkera A, Antebya I, et al. Pełna skala badań terenowych płyt betonowych poddanych obciążeniom wybuchowym. Int J Impact Engng 2008;35(3):184-198.
[11] Buchana, PA, Chenb, JF. Odporność na wybuchy kompozytów FRP i wzmocnionych polimerami konstrukcji betonowych i murowych - przegląd aktualnego stanu techniki. Kompozyty Część B: Inżynieria 2007;38(5-6):509-522.
[12] De A, Zimmie TF, Abdoun T, Tessari A. Fizyczne modelowanie efektów wybuchowych w tunelach. W: Fourth Int. Symp. Tunnel and Safety and Security 2010, Frankfurt nad Menem, Niemcy, 17-19 marca.
[13] Zhang P, Wang J, Qi, S, Li G, Wang S, Yan F. Eksperymentalna analiza prędkości płomienia, jasności i grubości strefy wybuchu benzyny-powietrza w zamkniętym tunelu. J Proces Zapobiegania Stratom Ind 2018;53:129-135.
[14] Prochazka PP, Trckova J. Stany naprężeń i deformacji w konstrukcjach podziemnych przy użyciu modelowania sprzężonego. Acta geodyn et geomat 2008;5(4):361-375.
15] Bakhtar, K. Uderzenie złączy i nieciągłości w odpowiedzi na podmuch odpowiadających tuneli badanych w ramach modelowania fizycznego przy ciśnieniu 1g. Int J Rock Mech. & Min Sci 1997;34(3-4):Paper No. 021.
[16] Li JC, Hao H. A Two-step Numerical Method for Efficient Analysis of Structural Response to Blast Load, Int J Protect Struct 2011;2:103-126.
[17] Li JC, Ma GW, Zhou YX. Analytical Study of Underground Explosion-Induced Ground Motion, Rock Mech Rock Engng 2012;45(6):1037-1046.
Clair G, Ghidaglia J-M, Perlat J-P. Wielowymiarowy, skoncentrowany na komórkach o skończonej objętości, bezpośredni rozpuszczalnik ALE do hydrodynamiki. Comp Physics 2016;326:312-333.
[19] Moukalled F, Mangani L, Darwish M. The Finite Volume Method in Computational Fluid Dynam 2015;113; Springer Verlag.

[20] Prochazka PP, Kravtsov AN, Lok T-S. Ocena laminowanego łuku cylindrycznego obciążonego przez falę uderzeniową. Int J Protect Struct 2011;2(2):267-282.
[21] Prochazka, P.P. Effect of explosion and fire on underground structures, Int J Protect Struct 2013;4(4):505-520.
[22] Landau L.D. Lifschitz E.M., Theoretical Physics, Hydrodynamics 1985; Moskwa: Nauka.
Anderson, J.D.: Hypersonic and high temperature gas dynamics, AIAA, Inc., Reston, Virginia, 2006.
Godunov, S.K., Zabrodin, A.V. et.al: Numeryczne rozwiązania poliwymiarowego problemu dynamiki gazu. Moskwa, Nauka, 1976, po rosyjsku.
Veselovsky, A.N., Kurepin, N.S.: Postępowanie 26. Centralnego Instytutu Naukowego Federacji Rosyjskiej. Moskwa 2006, sprawozdanie II/2, w języku rosyjskim
Maire P-H, Nkonga B. Wieloskalowa metoda typu Godunowa dla skoncentrowanej w komórkach dyskretnej lagrangijskiej hydrodynamiki. J Comp Phys 2009;228:799-821.
Scovazzi G, Chrismon MA, Hughes TJR, Shadid JN. Stabilizowana hydrodynamika podmuchów: I. Metoda Lagrangiana. Comput Meths Appl Mech Engng. 2007;196(4-6): 923-966.
Scovazzi G, Shadid JN, Love E, Rider WJ. Konserwatywna węzłowa, wariantowa metoda wielopłaszczyznowa do hydrodynamiki strzałowej Lagrangiana. Comput Meths Appl Mech Engrg. 2010;199(49-52): 305x9-3100.
[29] Elices M, Guinea GV, Gómez J, Planas J. Model strefy spoistej: zalety, ograniczenia i wyzwania. Engng Fract Mech 2002;69:137-163.
[30] Prochazka P. Homogenizacja liniowa i odspajania kompozytów przy użyciu BEM. Engng Anal Bound Elem 2001;25(9):753-769.
[31] Cundall PA. Komputerowy model do symulacji progresywnych ruchów wielkoskalowych systemu skalnego. W: Sympozjum międzynarodowego stowarzyszenia mechaników rockowych 1971:132-50.
[32] Cundall PA, Strack ODL. Dyskretny model numeryczny dla zespołów granulatu. Geotechnika 1979:47-65.
[33] Moreau JJ. Niektóre metody numeryczne w dynamice wieloczłonowej: zastosowanie do materiałów ziarnistych. Eur J Mech Solids 1994;13(4):93-114.
[34] Onck P, van der Giessen E. Wzrost początkowo ostrego pęknięcia przez kawitacje graniczne Brauna. JMPS 1999;47:99-139.
[35] Prochazka, P. Application of Discrete Element Methods to Fract Mech Mechanics of Rock Bursts, Engng Fract Mech 2004;71:601-618.

[36] Prochazka, PP. Pęknięcia skał w wyniku wybuchu gazu w głębokich kopalniach opartych na elementach sześciokątnych i granicznych. Adv Engng Soft 2014;72:57-65.
Fu GY, Ma GW, Qu XL. Boundary Element based Discontinous Deformation Analysis. Int J Numer Anal Meth Geom 2017;41(7):994-1015.
[38] Hoek E, Brown ET. Podziemne wykopaliska w Rock 1980. Londyn: Institution of Mining and Metallurgy.
[39] Hoek E, Brown ET. Empiryczne kryterium wytrzymałościowe dla mas skalnych. J. Geotech Engng Div ASCE 1980:1013-1025.
[40] Jiang H. Kryterium zniszczenia dla skał i betonu oparte na kryterium Hoek-Browna.
Int J Rock Mech Min Sci 2017;95:62-72.
Dziewczynka ZC. Zmodyfikowano kryterium porażki Johnstona z Rock Mechanics do Predict the Ultimate Strength of Fiber Reinforced Polymer (FRP) Confined Columns. Polimery 2014;6(1):59-75.
[42] Karam G, Tabbara M. Hoek-Brown Strength Criterion for Actively Confined Concrete. J Mat Civ Engng 2009;21(3).
[43] Wu YF, Zhou YW. Ujednolicony model wytrzymałościowy oparty na kryterium uszkodzenia typu Hoek-Brown dla okrągłych i kwadratowych słupów betonowych ograniczonych FRP. J Comp Constr 2010;14(2).
Naugton MJ. Na numerycznych warunkach brzegowych dla równań Navier-Stokes. Praca doktorska, California Institute of Technology Pasadena, USA 1986.
[45] Kelliher JP. Równania Navier-Stokes z warunkami brzegowymi Navier dla ograniczonej domeny w samolocie. SIAM Mat Anal 2006;38(1):210-232.
[46] Bathe KJ, Zhang H. Rozwój elementów skończonych dla ogólnych przepływów cieczy z oddziaływaniami strukturalnymi. Int J Numer Meth Engng 2004;60:213-232.
[47] Hasnedlova J, Feistauer M, Horacek J, Kosik A, Kucera V. Symulacja numeryczna interakcji między płynem a strukturą cieczy o ściskanym przepływie i strukturze elastycznej
Yang H. Symulacja numeryczna problemów interakcji struktura-płyn na siatkach hybrydowych przy użyciu Algebraicznych Metod Wielosieciowych. Praca doktorska. Johanes Kepler University Linz, Austria 2010.
Tijsseling AS. Interakcja ciecz-struktura w systemie rurociągów cieczowych: przegląd. J Fluids Struct 1996;10:109 - 146.
[50] Hou G, Wang J, Layton A. Numeryczne metody interakcji ciecz-struktura - A Review. Commun Comput Phys 2012;12(2):337-377.
[51] Subramanian RS. Warunki brzegowe w mechanice płynów. Wydział Inżynierii Chemicznej i Biomolekularnej, Uniwersytet Clarksona.
http://web2.clarkson.edu/projects/subramanian/ch560/notes/Boundary%20 Conditions%20in%20Fluid%20Mechanics.pdf.

[52] Uzawa H. Iteracyjne metody programowania wklęsłego. W: Strzałka, K. J.; Hurwicz, L.; Uzawa, H. (red.). Badania w zakresie programowania liniowego i nieliniowego 1958. Stanford University Press.
Ma CF, Zheng QQ. Poprawiona metoda Uzawa do rozwiązywania problemów z punktami siodłowymi. Numer Algebra Liniowa 2015;22:717-730.
Chen Z. Linear System Solution Techniques. Metody elementów skończonych i ich zastosowania 2006. Berlin: Springer. Str. 145-154. JESTBN 978-3-540-28078-1.
[55] Prochazka P., Sejnoha M. Development of debond region. Computers & Structures 1995;55(2):249-260.
DOI: 10.1016/0045-7949(94)00510-A
[56] Hlaváček I, Haslinger J, Nečas J, Lovíšek J. Rozwiązanie różnic w mechanizmie. Springer New York-Berlin 1988
Duvant G, Lwy JL. Les inéquations en mécanique et en physique, Dunod, Paris 1972.
58] Necas J, Jarusek J, Haslinger J. O rozwiązaniu problemu nierówności wariancyjnej Signorini z małym tarciem, Bolletino U.M.I., N° 5 17-B, 796-811, 1980.

FSC
www.fsc.org
MIX
Papier | Fördert gute Waldnutzung
FSC® C083411

Kolibri 360 GmbH
Ferdinand-Jühlke-Straße 7
99095 Erfurt, Deutschland
produktsicherheit@kolibri360.de

Druck:
CPI Druckdienstleistungen GmbH
im Auftrag der
Kolibri 360 GmbH
Ferdinand-Jühlke-Str. 7
99095 Erfurt